MUNDO ANIMAL
ERA DO GELO

MUNDO ANIMAL
ERA DO GELO

Camelot
EDITORA

ENCONTRE MAIS
LIVROS COMO ESTE

Copyright desta obra © IBC - Instituto Brasileiro De Cultura, 2023

Reservados todos os direitos desta produção, pela lei 9.610 de 19.2.1998.

2ª Impressão 2024

Presidente: Paulo Roberto Houch
MTB 0083982/SP

Coordenação Editorial: Priscilla Sipans
Coordenação de Arte: Rubens Martim
Diagramação e textos: Robério Gonçalves
Fotos de capa: Creative Commons

Vendas: Tel.: (11) 3393-7727 (comercial2@editoraonline.com.br)

Foi feito o depósito legal.
Impresso no Brasil na China

Dados Internacionais de Catalogação na Publicação (CIP)
de acordo com ISBD

C181m   Camelot Editora

Mundo Animal – Era do Gelo / Camelot Editora. – Barueri :
Camelot Editora, 2023.
144 p. ; 15,1cm x 23cm.

ISBN: 978-65-85168-69-4

1. Literatura infantil. I. Título.

2023-2543   CDD 028.5
                                             CDU 82-93

Elaborado por Vagner Rodolfo da Silva - CRB-8/9410

IBC — Instituto Brasileiro de Cultura LTDA
CNPJ 04.207.648/0001-94
Avenida Juruá, 762 — Alphaville Industrial
CEP. 06455-010 — Barueri/SP
www.editoraonline.com.br

SUMÁRIO

PARTE 1
INTRODUÇÃO À ERA DO GELO..................................7

PARTE 2
A FAUNA DA ERA DO GELO..11

PARTE 3
A VIDA DOS ANIMAIS DA ERA DO GELO.................15

PARTE 4
O FIM DA ERA DO GELO..137

PARTE 5
O LEGADO DOS ANIMAIS DA ERA DO GELO..............141

1
INTRODUÇÃO À ERA DO GELO

O PERÍODO DA ERA DO GELO E SUAS CARACTERÍSTICAS CLIMÁTICAS

A Era do Gelo, também conhecida como a Idade do Gelo ou Último Período Glacial, foi um período geológico caracterizado por temperaturas extremamente frias e por uma expansão significativa das geleiras em várias regiões do mundo. O período da Era do Gelo mais conhecido e estudado é o Pleistoceno, que começou aproximadamente há 2,6 milhões de anos e durou até cerca de 11,7 mil anos atrás, marcando a transição para o período Holoceno, em que estamos atualmente.

Durante a Era do Gelo, as temperaturas médias globais[1] eram muito mais baixas (em média 7,8 graus Celsius) do que as que experimentamos atualmente. As geleiras se estendiam por vastas áreas, cobrindo continentes inteiros, incluindo partes da Europa,

---

1. Para contextualizar, a temperatura média global do século XX foi de 14 graus Celsius. Segundo Jéssica Tierney, professora associada do Departamento de Geociências da UArizona, na América do Norte e na Europa, as partes mais setentrionais estavam cobertas de gelo e eram extremamente frias, mas o maior resfriamento ocorreu em altas latitudes, como o Ártico, onde estava cerca de 14 ° Celsius mais frio que hoje.

América do Norte e Ásia. Essas camadas de gelo se moviam lentamente, moldando a paisagem e deixando para trás características distintas, como vales e lagos glaciais.

Esse período geológico de longa duração de diminuição da temperatura na superfície e na atmosfera terrestres é objeto de estudo e de debate entre os cientistas. Acredita-se que vários fatores contribuíram para esse fenômeno. Mudanças na órbita da Terra em torno do Sol[2], variações na atividade solar, modificações na composição atmosférica e a influência dos oceanos desempenharam papéis significativos no resfriamento global.

Durante a Era do Gelo, o clima era caracterizado por períodos alternados de avanço e de recuo das geleiras, conhecidos como glaciações e interglaciações, respectivamente. Durante as glaciações, as temperaturas eram extremamente baixas e o gelo se espalhava amplamente. Esses períodos eram marcados por ventos frios e secos, além de uma vegetação limitada e adaptada às condições árticas. As interglaciações, por outro lado, eram períodos

---

2. A variação orbital ou ciclo de Milankovitch descreve os efeitos coletivos das mudanças nos movimentos da Terra em seu clima ao longo de milhares de anos. O termo foi cunhado em homenagem ao geofísico e astrônomo sérvio Milutin Milanković. Na década de 1920, ele levantou a hipótese de que variações na excentricidade (desvio ou distanciamento do centro), inclinação axial e precessão se combinavam para resultar em variações cíclicas na distribuição intra-anual e latitudinal da radiação solar na superfície da Terra, e que esse forçamento orbital influenciava fortemente os padrões climáticos da Terra.

INTRODUCAO A ERA DO GELO

relativamente mais quentes e curtos em que o gelo recuava e as temperaturas subiam. Durante esses momentos, a vegetação e a vida selvagem conseguiam se expandir para além das áreas cobertas de gelo, proporcionando um ambiente mais diversificado.

Essas flutuações climáticas tiveram um impacto significativo na vida na Terra. Muitas espécies de animais e plantas tiveram que se adaptar às condições extremas ou migrar para áreas mais favoráveis. Alguns animais, como mamutes, tigres-dentes-de-sabre e preguiças-gigantes, evoluíram características especiais para sobreviver nas paisagens geladas.

Embora a Era do Gelo seja frequentemente associada a um período de frio intenso, é importante ressaltar que também houve variações regionais e que nem todo o planeta estava constantemente coberto de gelo. Algumas áreas, como regiões próximas ao Equador, mantiveram climas relativamente mais estáveis, permitindo a sobrevivência de diferentes ecossistemas. A Era do Gelo foi um capítulo importante na história do nosso planeta, moldando a paisagem e influenciando a evolução das espécies. O estudo desse período nos ajuda a entender melhor as mudanças climáticas, a resiliência da vida e como os organismos se adaptam a condições ambientais extremas.

CREATIVE COMMONS

Esqueleto montado do alce irlandês.

2

A FAUNA DA ERA DO GELO

A FAUNA NA ERA DO GELO

QUAIS ERAM OS ANIMAIS QUE HABITAVAM A TERRA DURANTE A ERA DO GELO E COMO ELES EVOLUÍRAM PARA SOBREVIVER ÀS CONDIÇÕES EXTREMAS?

Durante a Era do Gelo, a Terra era habitada por uma variedade impressionante de animais que se adaptaram surpreendentemente às condições climáticas extremas. Essas criaturas pré-históricas evoluíram características únicas para sobreviver nas paisagens glaciais e desafiadoras que dominaram a época.

Entre os animais mais emblemáticos dessa Era, destacam-se os mamutes. Esses gigantes peludos eram parentes dos elefantes modernos, mas possuíam longas presas curvadas e uma espessa camada de

gordura e pelos para se protegerem do frio intenso. Os mamutes se adaptaram a ambientes árticos e pastavam em extensas estepes geladas. Outro grupo notável de animais era o dos tigres-dentes-de-sabre, conhecidos por suas enormes presas caninas em forma de sabre. Esses felinos pré-históricos eram especialistas na caça de animais como bisões e cervos, e seus dentes afiados eram essenciais para abater suas presas em condições desafiadoras.

As preguiças-gigantes também eram proeminentes na fauna da Era do Gelo. Esses mamíferos de porte robusto tinham garras longas e poderosas, adaptadas para se pendurarem em árvores e alcançarem os brotos e folhas de que se alimentavam. Embora pareçam lentas, essas preguiças eram capazes de se mover rapidamente quando necessário.

Além desses animais, a Era do Gelo abrigava uma variedade de outros mamíferos, como rinocerontes lanudos, grandes felinos, como leões-das-cavernas, e até mesmo ursos-das-cavernas. Aves pré-históricas, como o pássaro-elefante, com uma envergadura de

MAURICIO ANTÓN / CREATIVE COMMONS

A FAUNA NA ERA DO GELO

asas impressionante, e répteis também faziam parte dessa diversidade biológica.

Esses e outros animais evoluíram notavelmente para enfrentar as condições adversas da Era do Gelo. Desenvolveram pelagens espessas, camadas de gordura para isolamento térmico e habilidades de caça e forrageamento[1] adaptadas aos ambientes congelados. Além disso, muitos desses animais viviam em manadas ou em grupos sociais para se protegerem de predadores e para compartilharem recursos escassos.

Durante esse período, os animais também realizaram migrações em resposta às condições climáticas extremas e às mudanças ambientais. À medida que as geleiras avançavam e recuavam, os animais migravam para seguir as áreas de vegetação disponíveis e fugir das regiões cobertas de gelo.

No entanto, apesar de suas adaptações notáveis, muitas espécies não conseguiram sobreviver às mudanças ambientais drásticas que ocorreram com o fim da Era do Gelo. À medida que o clima aquecia e as geleiras recuavam, os habitats e os recursos alimentares foram alterados, levando à extinção de várias espécies adaptadas a ambientes frios.

O estudo da fauna da Era do Gelo nos fornece uma visão fascinante sobre as complexas interações entre os animais e seu ambiente durante um período de extrema mudança climática. Essas criaturas antigas deixaram um legado impressionante, e suas adaptações e extinções contribuíram para a formação da vida selvagem moderna que conhecemos hoje.

---

1. Habilidade dos animais para buscar em seu próprio habitat recursos alimentares.

3
A VIDA DOS ANIMAIS DA ERA DO GELO

FAMÍLIA: ELEPHANTIDAE

MAMUTE LANOSO

UMA CRIATURA MAGNÍFICA

Os mamutes (Mammuthus) são algumas das criaturas mais fascinantes que já habitaram nosso planeta. Pertencentes à família Elephantidae, esses gigantes pré-históricos habitaram diferentes regiões do mundo durante a Era do Gelo. Esses animais desapareceram completamente da Terra há cerca de 4.000 anos. Existiam várias espécies de mamutes, sendo o mais conhecido deles o mamute lanoso (Mammuthus primigenius), uma das últimas espécies de mamutes, com origem na espécie Mammuthus do início do Plioceno[1].

---

1. Período posterior ao Mioceno e anterior ao Plestoceno.

HABITAT E DISTRIBUIÇÃO GEOGRÁFICA

Os mamutes habitavam principalmente as regiões do norte da Eurásia, da América do Norte e partes do continente da Sibéria. Eles eram adaptados a ambientes frios, com pelagens espessas e uma camada de gordura sob a pele para ajudar no isolamento térmico. Habitavam uma variedade de habitats, desde estepes e tundras até florestas e pradarias, onde encontravam alimentação adequada para sustentar seu tamanho imponente.

CARACTERÍSTICAS FÍSICAS

Os mamutes eram animais imponentes e de grande porte. O mamute-lanoso, por exemplo, podia medir até 3,5 metros de altura nos ombros e pesar entre 5 e 8 toneladas. Eles tinham uma cobertura de pelos longos e densos, que ajudava a mantê-los aquecidos nas condições adversas do clima glacial. Suas presas enormes e curvadas, que podiam atingir até cinco metros de comprimento, eram uma característica marcante. As orelhas e a cauda eram curtas para minimizar o congelamento e a perda de calor. Possuía presas longas e curvadas e quatro molares que eram substituídos seis vezes durante a vida do indivíduo.

FAMÍLIA: ELEPHANTIDAE

COMPORTAMENTO E DIETA

O comportamento do mamute-lanoso era semelhante ao dos elefantes modernos. Ele usava suas presas e tromba para manipular objetos, lutar e procurar alimentos. Sua dieta era principalmente composta por gramíneas e ciperáceas. Esse animal provavelmente vivia em grupos sociais liderados por fêmeas e tinha comportamento migratório sazonal em busca de alimentos.

EXTINÇÃO

Os mamutes não foram capazes de sobreviver à mudança climática e às pressões ambientais que se seguiram ao fim da Era do Gelo. Entre os principais fatores responsáveis pela sua extinção estão o aquecimento global, a perda de habitat e a caça excessiva por humanos pré-históricos. Embora a data exata de sua extinção seja objeto de debate, acredita-se que os últimos mamutes desapareceram há cerca de 5.600 anos.

Maquete (com adaptação) de um mamute peludo, em exibição no Royal BC Museum

WIKIMEDIA COMMONS

Fóssil de mamute lanoso, no Museu Nacional d'Abruzzo, na Itália.

LEGADO

Os mamutes-lanosos têm um legado importante na ciência, fornecendo informações valiosas sobre a vida pré-histórica e a adaptação de espécies ao ambiente. Sua reconstrução em museus e exposições, bem como a cobertura de notícias sobre pesquisas relacionadas, podem ajudar a aumentar o interesse e a conscientização sobre a história da vida na Terra, a evolução das espécies e os desafios da conservação.

CURIOSIDADES

- Acredita-se que os humanos pré-históricos tenham caçado mamutes para obter alimento, peles, ossos e marfim, contribuindo para a sua extinção.
- O filme "A Era do Gelo" popularizou a figura do mamute Manny, tornando-o um personagem querido por muitos.

FAMÍLIA: ELEPHANTIDAE

MASTODONTE AMERICANO

O TITÃ DA ERA DO GELO

O mastodonte foi uma espécie extinta de mamífero pertencente à ordem dos proboscídeos[1], que também inclui elefantes e mamutes. Existiram várias espécies diferentes desse animal, mas a mais conhecida é o mastodonte americano (Mammut americanum). Eles eram animais grandes, com uma aparência semelhante aos elefantes atuais, mas possuíam algumas características distintas.

---

1. Proboscídeo é uma ordem de mamíferos placentários, do clado Afrotheria, que contém apenas uma família vivente, a Elephantidae, à qual pertencem os elefantes.

Arte que representa a comparação entre um mamute lanoso (direita) e um mastodonte americano (esquerda).

HABITAT E DISTRIBUIÇÃO GEOGRÁFICA

Os mastodontes tiveram uma distribuição geográfica bastante ampla. Suas espécies foram encontradas em várias partes do mundo, incluindo América do Norte, Europa, Ásia e África. Eles habitavam uma variedade de ambientes durante o período Pleistoceno, como florestas, savanas e padrarias. Também eram adaptados a habitats de zonas úmidas, como pântanos e áreas costeiras. Em regiões mais frias, onde as temperaturas eram mais baixas e a vegetação era escassa, os mastodontes podiam ser encontrados em habitats de tundra.

CARACTERÍSTICAS FÍSICAS

Embora o tamanho exato do mastodonte variasse entre as espécies, eles geralmente tinham altura semelhante à dos elefantes atuais e podiam atingir cerca de 2,5 a 3,5 metros de altura nos ombros. O peso variava de algumas toneladas até cerca de 10 toneladas. Essas criaturas tinham presas curvas, mais parecidas com as presas de um mamute do que com as dos elefantes africanos ou asiáticos. Além disso, possuíam uma crina de pelos longos nas costas e um formato diferente dos dentes.

PALEO-ART / WIKIMEDIA COMMONS

FAMÍLIA: ELEPHANTIDAE

COMPORTAMENTO E DIETA
Acredita-se que os mastodontes tinham um comportamento social semelhante ao dos elefantes atuais. Eles provavelmente viviam em grupos familiares ou manadas, liderados por uma fêmea mais velha. Os mastodontes eram herbívoros e se alimentavam principalmente de vegetação, como folhas, brotos, galhos e outros materiais vegetais.

EXTINÇÃO
Assim como muitas outras espécies da megafauna do Pleistoceno, os mastodontes foram extintos no final do período. As causas exatas de sua extinção não são completamente conhecidas, mas fatores como mudanças climáticas, diminuição da disponibilidade de alimentos e caça humana são considerados como possíveis contribuintes.

Escavação de um mastodonte, em 1989, no campo de golf Burning Tree, em Ohio, EUA.

Esqueleto de um mastodonte americano fêmea e seu filhote.

LEGADO
Os mastodontes têm um papel importante na compreensão da história da vida na Terra. Seus fósseis fornecem informações valiosas sobre o clima, a ecologia e a evolução das espécies ao longo do tempo.

CURIOSIDADES
- O nome "mastodonte" vem do grego antigo e significa "dente de mama". Esse nome foi escolhido devido à semelhança entre as cúspides dos molares dos mastodontes e a forma dos seios de uma mulher.
- Os dentes dos mastodontes são fósseis relativamente comuns encontrados em muitas partes do mundo. Devido à sua estrutura resistente, os dentes fossilizam com mais frequência do que outras partes do esqueleto, o que facilita sua preservação e descoberta por paleontólogos.

FAMÍLIA: ELEFÂNTIDAE

MAMUTE-PIGMEU

O PEQUENO GIGANTE DA ILHA SANTA ROSA

O mamute-pigmeu (Mammuthus exilis), uma versão diminuta dos icônicos mamutes da Era do Gelo, habitou as Ilhas do Canel, ao largo da costa da Califórnia, nos Estados Unidos. Com sua estatura surpreendentemente pequena e características distintas, como presas retas e menor tamanho corporal, esses mamutes proporcionam uma fascinante visão da adaptação evolutiva em um ambiente insular isolado.

Esqueleto reconstituído do mamute-pigmeu, no Museu de História Natural de Santa Bárbara, Califórnia.

HABITAT E DISTRIBUIÇÃO GEOGRÁFICA

O mamute-pigmeu habitava a região da Ilha de Santa Rosa, que atualmente faz parte do arquipélago das Ilhas do Canal, localizado ao largo da costa da Califórnia, nos Estados Unidos. Essas ilhas eram isoladas do continente durante a maior parte do tempo, o que resultou na evolução de uma população de mamutes de tamanho reduzido.

CARACTERÍSTICAS FÍSICAS

O mamute-pigmeu era uma espécie de mamute que apresentava uma estatura muito menor em comparação aos mamutes continentais. Eles tinham aproximadamente 1,2 a 1,4 metros de altura no ombro e pesavam em torno de 400 a 600 kg, sendo consideravelmente menores do que seus parentes de maior porte. Suas presas eram relativamente curtas e retas, com curvaturas menos pronunciadas em comparação com outras espécies de mamutes.

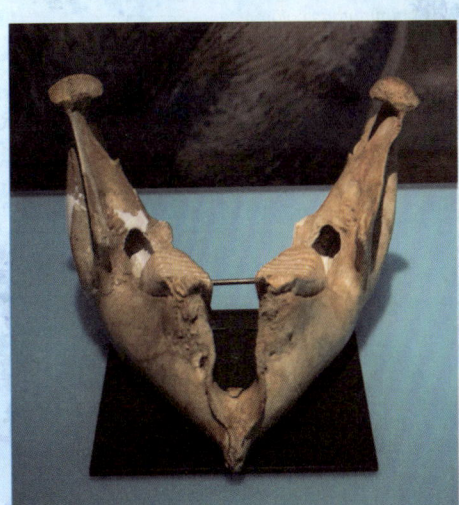

Mandíbula de um mamute-pigmeu, no Museu de História Natural de Cleveland, Ohio

FAMILIA: ELEPHANTIDAE

COMPORTAMENTO

Devido à falta de informações detalhadas sobre o comportamento específico do mamute-pigmeu, muitas suposições são baseadas no conhecimento sobre outros mamutes, vivendo em grupos familiares ou manadas. Sua dieta consistia principalmente em gramíneas, arbustos e outras plantas disponíveis em seu habitat insular.

EXTINÇÃO

O mamute pigmeu foi extinto por volta de 4.000 anos atrás. As causas exatas de sua extinção são incertas, mas acredita-se que fatores como mudanças climáticas, perda de habitat, a chegada dos seres humanos às Ilhas do Canal e a caça excessiva podem ter impactado negativamente a população de mamutes-pigmeus.

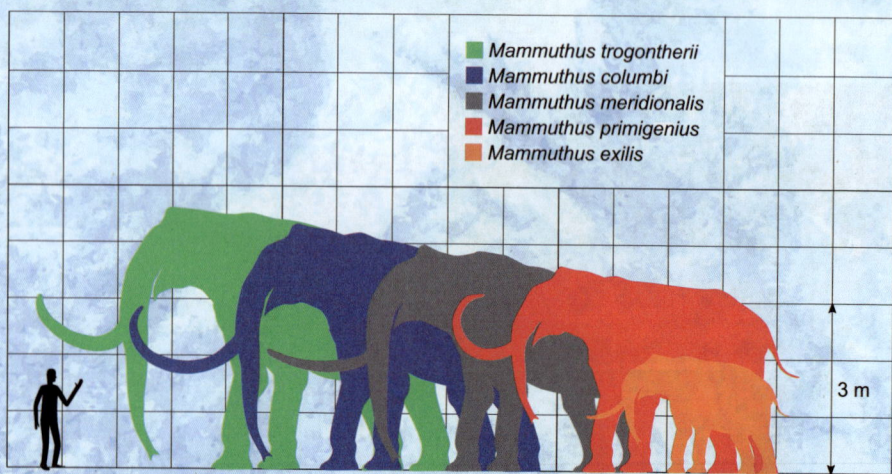

Comparação de tamanho das cinco espécies mais conhecidas de mamutes, com base nos maiores espécimes conhecidos. O mamute-pigmeu (Mammuthus exilis) é o menor entre eles.

A escavação de um esqueleto de mamute-pigmeu encontrado em 1994 na Ilha de Santa Rosa, Califórnia.

LEGADO
O mamute-pigmeu é uma espécie extinta que desempenhou um papel importante nos ecossistemas das Ilhas do Canal durante o Pleistoceno. Sua extinção teve impactos na dinâmica desses ecossistemas insulares.

CURIOSIDADES
- Os primeiros fósseis de mamute-pigmeu foram descobertos na Ilha de Santa Rosa em 1994.
- Sua existência era desconhecida até a descoberta dos fósseis, sendo uma espécie de mamute pouco conhecida pelo público em geral.

FAMÍLIA: ELEPHANTIDAE

MAMUTE-DA-ESTEPE

O MAIOR MAMUTE QUE JÁ EXISTIU

O mamute-da-estepe (Mammuthus trogontherii) foi uma espécie extinta de mamífero elefante que habitou grande parte do norte da Eurásia durante o período Pleistoceno, aproximadamente entre 600.000 e 370.000 anos atrás. Esta espécie é considerada o ancestral dos mamutes-lanudos que surgiram posteriormente.

Representação de um mamute-da-estepe

WIKIMEDIA COMMONS

HABITAT E DISTRIBUIÇÃO GEOGRÁFICA

O mamute-da-estepe habitava vastas áreas da Eurásia durante o período Pleistoceno. Sua distribuição se estendia desde a Europa Oriental e Central, incluindo a Sibéria, até partes da América do Norte. Eles ocupavam uma variedade de habitats, desde tundras e estepes até florestas de taiga, adaptando-se a diferentes condições climáticas e disponibilidade de alimentos.

ANATOMIA E CARACTERÍSTICAS FÍSICAS

Os mamutes-da-estepe eram impressionantes em tamanho e robustez. Eles alcançavam alturas de até 4 metros de altura, pesavam cerca de 13 toneladas e tinham presas longas e curvas. Podiam também atingir mais de 4 metros de comprimento. Suas presas eram usadas para escavar, obter alimentos e lutar por domínio durante a época de acasalamento. Possuíam longas e densas camadas de pelos, uma corcova no pescoço e orelhas relativamente pequenas, características adaptativas para enfrentar o frio e se proteger dos inimigos.

Molar de um mamute-da-estepe, no Museu Nacional de Praga

FAMÍLIA: ELEPHANTIDAE

COMPORTAMENTO E DIETA
Acredita-se que os mamutes-da-estepe tivessem comportamento social semelhante aos elefantes modernos. Eles viviam em grupos familiares complexos, liderados por fêmeas mais velhas, conhecidas como matriarcas. Esses grupos cooperavam na busca por alimento, proteção e cuidado com os filhotes. Além disso, eles migravam sazonalmente em busca de recursos alimentares, percorrendo longas distâncias. Esses mamutes se alimentavam principalmente de vegetação encontrada nas estepes e nas tundras.

EXTINÇÃO
Acredita-se que as mudanças climáticas, a redução de habitat, a sobrecaça humana e a chegada de novas doenças tenham contribuído para seu desaparecimento. A combinação desses fatores e a interação complexa entre eles levaram ao declínio populacional e à extinção final dos mamutes-da-estepe, por volta de 4.000 anos atrás.

LEGADO
Seus restos fósseis preservados no permafrost da Sibéria forneceram informações valiosas sobre a vida do mamute-da-estepe e têm sido uma fonte rica de estudos científicos. Além disso, a preservação de restos de mamutes em regiões frias, como a Sibéria, tem fornecido informações valiosas sobre a biologia dessas criaturas.

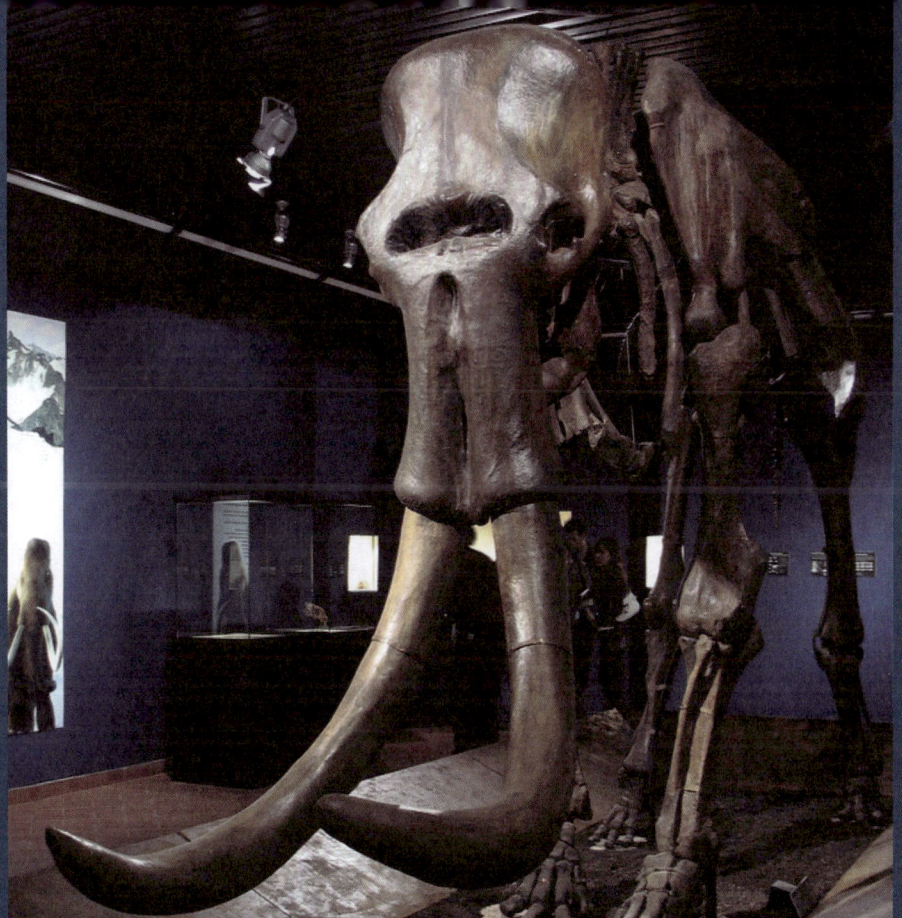

Esqueleto de mamute-da-estepe

CURIOSIDADES
- Os mamutes-da-estepe coexistiram com os seres humanos primitivos e são frequentemente retratados em artefatos arqueológicos, sugerindo uma interação entre as duas espécies.
- O permafrost da Sibéria preservou não apenas esqueletos de mamutes, mas também tecidos moles, como pele e músculos, permitindo uma compreensão mais detalhada de sua aparência física.
- Os dentes dos mamutes-da-estepe continham anéis de crescimento semelhantes aos anéis de crescimento das árvores, fornecendo informações sobre sua idade e condições ambientais em diferentes períodos.

FAMÍLIA CANIDAE

LOBO-TERRIVEL

O PREDADOR TEMIDO

O lobo-terrível (Canis dirus), conhecido também como lobo-de-dentes-de-sabre, é uma espécie extinta de carnívoro que viveu durante o período Pleistoceno. Com suas características físicas marcantes e papel ecológico único, o lobo-terrível desperta fascínio e curiosidade até os dias de hoje.

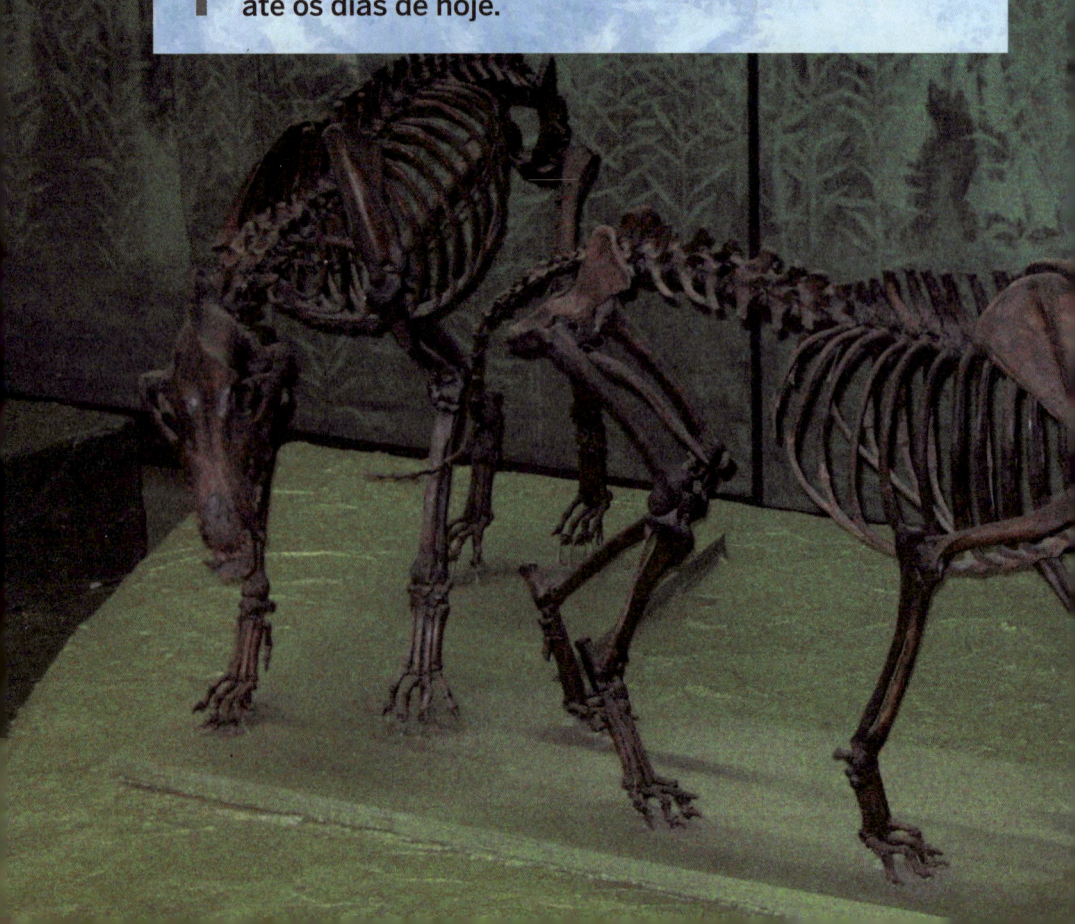

HABITAT E DISTRIBUIÇÃO GEOGRÁFICA

O lobo-terrível habitava grande parte da América do Norte durante o período Pleistoceno. Sua distribuição abrangia desde o Alasca e o Canadá até partes dos Estados Unidos, como a Califórnia, Texas e Flórida. Eles ocupavam uma variedade de habitats, incluindo florestas, pradarias e tundras, adaptando-se a diferentes condições climáticas e disponibilidade de presas.

ANATOMIA E CARACTERÍSTICAS FÍSICAS

O lobo-terrível possuía várias características físicas distintas. Seu nome popular, lobo-de-dentes-de-sabre, deriva de seus caninos longos e curvados, projetados para perfurar e segurar presas com eficiência. Além disso, eles eram maiores do que os lobos cinzentos modernos, com uma altura de ombro de cerca de 1,2 metro e pesando até 100 kg. Sua aparência robusta, pernas fortes e mandíbulas poderosas refletiam sua adaptação ao modo de vida predatório.

WIKIMEDIA COMMONS

Fósseis de lobos-terríveis no Museu Nacional de História Natural de Washington, DC

FAMÍLIA CANIDAE

COMPORTAMENTO E DIETA
Acredita-se que o lobo-terrível tivesse comportamento semelhante ao de outros canídeos sociais. Eles provavelmente viviam em grupos sociais, conhecidos como matilhas, que cooperavam na caça, proteção do território e cuidado com os filhotes. Sua alimentação era principalmente carnívora, caçando grandes presas, como bisões e mamutes. Suas mandíbulas fortes permitiam que eles derrubassem e imobilizassem suas caças.

EXTINÇÃO
O lobo-terrível tornou-se extinto no final do período Pleistoceno, juntamente com muitas outras espécies da megafauna. A extinção dessa espécie está ligada a uma combinação de fatores, incluindo mudanças climáticas, alterações no habitat, competição com outros carnívoros e, possivelmente, a influência das atividades humanas, como a caça excessiva.

LEGADO
O lobo-terrível deixou um legado significativo na história ecológica da América do Norte. Sua presença como um predador topo de cadeia alimentar desempenhou um papel importante no equilíbrio dos ecossistemas em que habitavam. Seu desaparecimento afetou a dinâmica desses ecossistemas e as interações entre as espécies, deixando uma lacuna ecológica que perdura até hoje.

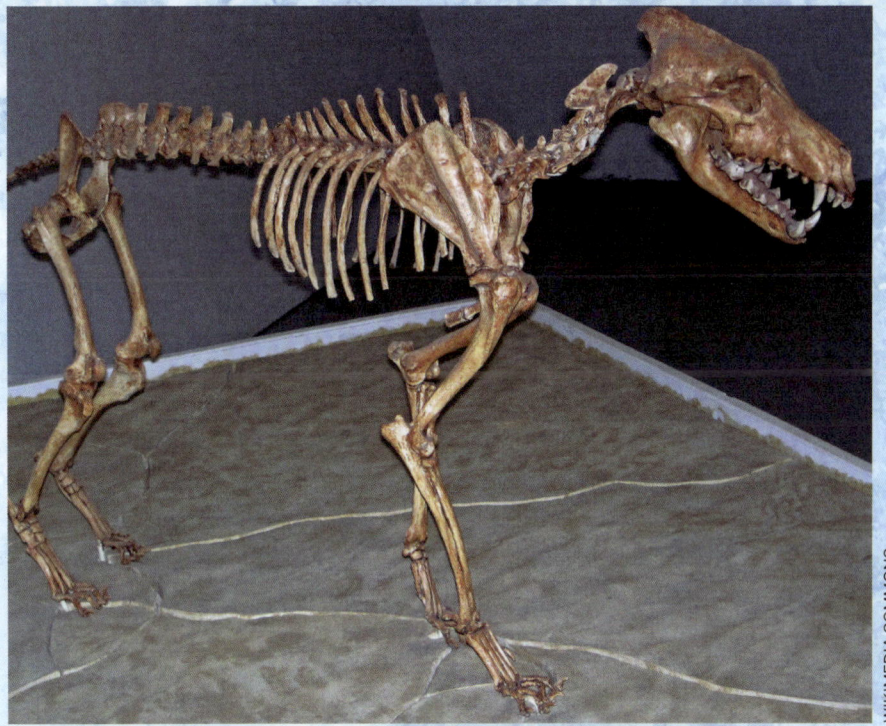

Esqueleto de lobo-terrível fóssil do Pleistoceno da América do Norte em exibição no Museu de História Natural Sternberg, na cidade de Hays, Kansas, EUA.

CURIOSIDADES

- Os caninos longos e curvados do lobo-terrível podiam atingir até 20 cm de comprimento.
- Diferentemente dos lobos modernos, o lobo-terrível não uivava, mas produzia vocalizações mais semelhantes a rugidos.
- O lobo-terrível é frequentemente retratado em filmes e obras de ficção como um predador formidável, devido às suas características físicas impressionantes.
- Evidências fósseis sugerem que o lobo-terrível caçava em grupo, aproveitando-se de presas grandes e formando estratégias de caça cooperativa.

FAMÍLIA CANIDAE

LOBO ETRUSCO

O ANTIGO PREDADOR CANINO

O lobo etrusco (Canis etruscus) é uma espécie extinta de lobo que viveu durante o Mioceno e o início do Pleistoceno, entre aproximadamente 2,5 milhões e 500 mil anos atrás. Com sua história antiga e características distintas, o Lobo etrusco desempenhou um papel importante na evolução dos canídeos.

REPRODUÇÃO / MUSEU DE PALEONTOLOGIA DE MONTEVARCHI

Representação artística de um lobo etrusco

HABITAT E DISTRIBUIÇÃO GEOGRÁFICA

O Lobo etrusco habitou uma ampla variedade de habitats ao longo de sua existência, incluindo áreas florestais, pradarias e savanas. Sua distribuição geográfica abrangia regiões da Europa e da Ásia, incluindo partes da Itália, França, Espanha, Alemanha e China.

CARACTERÍSTICAS FÍSICAS
O Lobo etrusco era relativamente pequeno em comparação com os lobos modernos. Tinha uma morfologia craniana distintiva, com um focinho curto e dentes especializados para diferentes funções alimentares. Seus dentes caninos eram grandes, indicando uma adaptação para uma dieta carnívora.

COMPORTAMENTO E DIETA
Acredita-se que os lobos etruscos possuíam comportamentos sociais semelhantes aos dos lobos modernos, vivendo em grupos cooperativos. Esses grupos carnívoros provavelmente caçavam presas de médio a grande porte, como cervos e antílopes.

EXTINÇÃO
O Lobo etrusco se tornou extinto no início do Pleistoceno, por volta de 500 mil anos atrás. As razões exatas para sua extinção ainda não são totalmente compreendidas, mas fatores como mudanças ambientais, competição com outros carnívoros e eventos geológicos podem ter desempenhado um papel significativo.

LEGADO
O lobo etrusco é um ancestral potencial dos lobos modernos e de outras espécies de canídeos. Seu estudo nos ajuda a entender a diversificação e a adaptação dos lobos ao longo do tempo, fornecendo informações valiosas sobre a história evolutiva dessa família de carnívoros. Seus dentes fósseis têm sido encontrados em locais arqueológicos, fornecendo pistas sobre a coexistência desses lobos com seres humanos primitivos.

FAMÍLIA CANIDAE

XENOCYON
O CANÍDEO PRÉ-HISTÓRICO

Xenocyon é um gênero de canídeo extinto que pertence à família Canidae. Os membros desse gênero, conhecidos como xenocions, viveram durante o Pleistoceno, entre 1,8 milhão e 300 mil anos atrás. Com suas características distintivas e lugar na história evolutiva dos canídeos, o xenocyon oferece uma visão fascinante da diversidade dos carnívoros pré-históricos.

MAURICIO ANTÓN / WIKIMEDIA COMMONS

HABITAT E DISTRIBUIÇÃO GEOGRÁFICA

O xenocyon habitou uma ampla variedade de habitats ao longo de sua existência. Sua distribuição geográfica abrangia várias regiões, incluindo Europa, Ásia e África. Os xenocions se adaptaram a diferentes ambientes, como florestas, estepes e regiões de transição entre floresta e savana.

ANATOMIA E CARACTERÍSTICAS FÍSICAS

Os xenocions eram animais de porte médio a grande, com características físicas semelhantes aos lobos e cães. Seus tamanhos variavam dependendo da espécie, mas em média eram maiores do que os lobos modernos. Mediam de 65 a 90 cm de altura e pesavam entre 40 e 80 kg. Eles possuíam corpos robustos, membros fortes e crânios alongados. Sua dentição indicava uma adaptação para uma dieta carnívora.

Fóssil do crânio do xenocyon, no Museu de Paleontologia de Florença

Representação artística do Xenocyon

COMPORTAMENTO E DIETA

O xenocyon era um animal hiper carnívoro, o que significa que sua dieta consistia principalmente em carne. Eles caçavam presas como antílopes, veados, filhotes de elefante, auroques, babuínos, cavalos selvagens e possivelmente humanos. Acredita-se que eles fossem caçadores cooperativos, cuidando dos membros do grupo doentes, feridos ou com deficiências, assim como os lobos cinzentos modernos. Sua estrutura física sugere que eram predadores ágeis e adaptados para perseguir e derrubar presas de médio a grande porte.

EXTINÇÃO

O xenocyon e suas espécies associadas se extinguiram durante o Pleistoceno. A competição com outras espécies, como o cão-dire (Aenocyon dirus) na América do Norte, pode ter contribuído para sua extinção. Os fósseis do xenocyon são raros, o que indica que eles provavelmente não conseguiram competir com as espécies mais recentes.

LEGADO

Embora o xenocyon tenha desaparecido, seu legado pode ser observado nas espécies que descendem dele. Acredita-se que o cão selvagem africano (Lycaon pictus) e o cão-do-mato (Cuon alpinus) do sudeste asiático sejam descendentes do xenocyon. Outras espécies, como o cão-do-mato da Sardenha (Cynotherium sardous) e dois cães extintos de Java (cão de Merriam – Megacyon merriami e cão de Trinil – Mececyon trinilensis), também podem ter laços evolutivos com o xenocyon.

Nesta representação, o xenocyon lycaonoides (o maior) contorna o esqueleto (com partes – em branco – faltantes) de um cynotherium sardous, um pequeno canídeo que viveu na ilha da Córsega e Sardenha (Roma Antiga) durante o Pleistoceno.

CURIOSIDADES

- Xenocyon significa "cão estranho" ou "cão estrangeiro" devido às suas características incomuns em comparação com outros canídeos.
- Eles eram nadadores habilidosos e podiam atravessar rios para explorar novas áreas ou para perseguir presas.
- Sua aparência é comparada a algo entre uma hiena e um lobo.
- Evidências de assimetria nas formas da cabeça de xenocyon indicam a presença de problemas genéticos, que podem ter contribuído para a extinção da espécie.

FAMÍLIA CANIDAE

LOBO-DAS-CAVERNAS

O PREDADOR DE ANIMAIS HERBÍVOROS

O lobo-das-cavernas (Canis lupus spelaeus) emerge como uma fascinante figura do passado, uma subespécie extinta de lobo da Era do Gelo que deixou sua marca nas cavernas e ecossistemas da Europa ocidental durante o final do Pleistoceno.

Representação artística do lobo-das-cavernas

CREATIVE COMMONS

42

HABITAT E DISTRIBUIÇÃO GEOGRÁFICA

O lobo-das-cavernas habitava as regiões da Europa ocidental durante o final do Pleistoceno. Suas populações eram encontradas em diversas cavernas, incluindo a Caverna de Sofia (Sophie's Cave), a Caverna do Diabo (Devil's Cave) e a Caverna Zoolithen, localizadas na região da Alta Francónia, no estado da Baviera, Alemanha. Também foram encontrados restos dessa espécie na Caverna de Hermann, próxima à cidade de Wernigerode, na Saxônia-Anhalt, Alemanha.

ANATOMIA E CARACTERÍSTICAS FÍSICAS

O lobo-das-cavernas era geralmente maior e mais robusto do que os lobos cinzentos (Canis lupus) de hoje. Sua massa corporal variava, mas, em média, eles eram maiores do que os lobos modernos, com algumas estimativas sugerindo que poderiam pesar até 50% a mais. Para enfrentar as condições climáticas frias do Pleistoceno, o lobo-das-cavernas desenvolveu uma pelagem densa e espessa. Isso os ajudava a se manter aquecidos em ambientes frios e hostis. Fósseis de lobos das cavernas mostram que eles tinham mandíbulas poderosas, adaptadas para caçar e para se alimentar de grandes presas. Essa adaptação sugere que eles provavelmente caçavam animais de porte médio a grande, como mamutes e bisões.

FAMÍLIA CANIDAE

COMPORTAMENTO E DIETA

Sua natureza predatória e adaptações físicas sugerem que eles eram caçadores eficientes e potencialmente caçavam em grupos, aproveitando a vantagem numérica para derrubar presas volumosas. Sua dieta consistia principalmente em animais herbívoros como cervos, cavalos selvagens, mamutes e renas. Apesar de não terem utilizado as cavernas para criar suas ninhadas, as fezes abundantemente encontradas nesses locais desempenhavam um papel importante na orientação e rastreamento, semelhante ao comportamento de rastreamento de trilhas dos lobos modernos.

EXTINÇÃO

A extinção do lobo-das-cavernas coincidiu com a perda da megafauna pleistocênica na Europa, quando as condições climáticas se tornaram mais frias durante o auge do Último Máximo Glacial, por volta de 23.000 anos atrás. O lobo-das-cavernas foi substituído por lobos menores e, finalmente, pela subespécie Canis lupus lupus durante o período quente do Holoceno.

LEGADO

Apesar de sua extinção, o lobo-das-cavernas deixou um legado importante na compreensão da ecologia e paleontologia do Pleistoceno. Seus restos fósseis e evidências de comportamento social forneceram informações valiosas sobre a vida durante essa época.

Exemplar de crânio de um lobo-das-cavernas, no Museu de História Natural de Berlim, Alemanha

CURIOSIDADES

- Acredita-se que o lobo-das-cavernas tenha sido uma das primeiras espécies de lobo a ser domesticada, contribuindo para a linhagem dos cães modernos.
- Seus fósseis foram frequentemente encontrados em cavernas, o que sugere que esses animais frequentavam esses locais como abrigos naturais. Além disso, análises revelaram que eles se alimentavam de carcaças de ursos-das-cavernas, presas que também usavam as cavernas como abrigo.
- Embora o lobo-das-cavernas tenha desaparecido há milhares de anos, seu papel na história evolutiva e a forma como ele se adaptou ao ambiente desafiador do Pleistoceno continuam a fascinar os cientistas e entusiastas da paleontologia.

FAMÍLIA URSIDAE

URSO DAS CAVERNAS

O GIGANTE HERBÍVORO

O Urso-das-cavernas (Ursus spelaeus) foi uma espécie extinta de urso que habitou a Europa durante o Pleistoceno Médio (82.800 a 355.000 anos atrás) e Superior (10.000 a 82.800 anos atrás). Com seu tamanho impressionante e adaptações especiais, esse animal é contemporâneo dos neandertais (Homo neanderthalensis) e dos primeiros humanos modernos (Homo sapiens).

Reconstrução artística do urso-das-cavernas

SERGIO DLAROSA / CRETIVE COMMONS

HABITAT E DISTRIBUIÇÃO GEOGRÁFICA

O Urso-das-cavernas habitou florestas, estepes e regiões de montanha. Sua distribuição geográfica abrangia grande parte da Europa, desde a Península Ibérica até os Montes Urais. Esses ursos são conhecidos por sua adaptação a ambientes frios e por sua presença em áreas montanhosas baixas, especialmente em regiões ricas em cavernas de calcário, fato constatado pela quantidade de fósseis encontrados nesses locais[1].

---

1. Esqueletos de ursos das cavernas foram descritos pela primeira vez em 1774 por Johann Friedrich Esper, em seu livro Newly Discovered Zoolites of Unknown Four Footed Animals.

ANATOMIA E CARACTERÍSTICAS FÍSICAS

O Urso-das-cavernas foi um dos maiores ursos que já existiu. Os machos podiam atingir um tamanho imponente, com altura de ombro entre 1,7 e 2,2 metros e peso de 350 a 600 kg, embora alguns espécimes pesassem até uma tonelada. As fêmeas pesavam entre 225 e 230 kg.

Eles possuíam corpos robustos, pernas fortes e um crânio maciço. Sua pelagem era densa e espessa, oferecendo isolamento durante as temperaturas frias.

CREATIVE COMMONS

Crânio de um urso-das-cavernas, com 57 centímetros, na região do Iamália-Nenétsia, Siberia, Russia

FAMÍLIA URSIDAE

COMPORTAMENTO E DIETA
Características morfológicas do aparelho dentário de mastigação do urso-das-cavernas sugerem que sua dieta consistia principalmente em vegetação, como frutas, nozes, ervas e gramíneas. Sua poderosa estrutura física indica que o urso-das-cavernas era um animal adaptado para escavar e buscar alimento no solo. Durante o inverno, eles provavelmente entravam em um estado de hibernação para conservar energia.

EXTINÇÃO
A reavaliação dos fósseis em 2019 indica que o urso-das-cavernas provavelmente foi extinto há 24.000 anos. A pesquisa de DNA das mitocôndrias desse animal indicou que seu declínio genético começou muito antes de sua extinção, demonstrando que a perda de habitat devido à mudança climática não foi responsável. A caça excessiva por humanos foi amplamente descartada porque as populações humanas na época eram muito pequenas para representar uma séria ameaça à sobrevivência do urso das cavernas, embora as duas espécies possam ter competido pelo espaço vital nas cavernas.

LEGADO
Os ursos-das-cavernas interagiam com outras espécies, como mamutes, rinocerontes e humanos pré-históricos. O estudo dessas interações pode fornecer informações sobre as dinâmicas de predação, competição e coexistência dessas espécies antigas. A reconstrução de sua aparência e exposições em museus pode ser uma maneira eficaz de educar as pessoas sobre a história da vida na Terra e os desafios enfrentados pelas espécies ao longo do tempo.

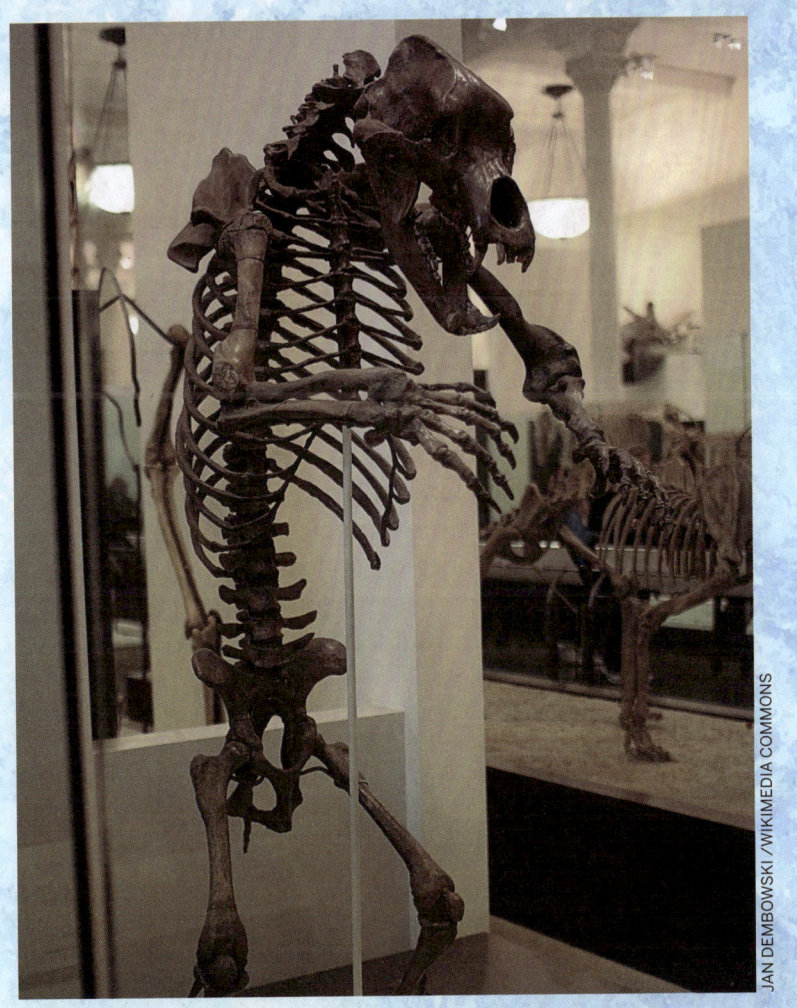

Esqueleto de urso-das-cavernas, no Museu Americano de História Natural, em Nova Iorque, Estados Unidos

CURIOSIDADES
- Um exemplar incrivelmente preservado do animal foi encontrado nas Ilhas Lyakhovsky, no extremo norte da Rússia, ainda com boa parte dos dentes, dos órgãos internos e dos tecidos moles, como o focinho, intactos.

FAMÍLIA URSIDAE

URSO-PARDO-DAS-CAVERNAS

A ÚLTIMA ESPÉCIE DO URSO-DAS-CAVERNAS

Ainda maior do que o urso-das-cavernas, o urso pardo-das-cavernas (Ursus ingressus) também foi uma espécie extinta de urso que habitou a Europa durante o Pleistoceno Superior. Há cerca de 50.000 anos, esse animal migrou para os Alpes e substituiu as populações antigas do urso-das-cavernas.

Reconstrução artística do urso-pardo-das-cavernas

THEMODES / CRETIVE COMMONS

HABITAT E DISTRIBUIÇÃO GEOGRÁFICA

Acredita-se que o urso-pardo-das-cavernas tenha habitado a Europa durante o período Pleistoceno, há cerca de 50.000 anos. Esse animal coexistiu com outras espécies de ursos, como o Gamsultsen cave bear na Europa Ocidental e o Ursus speleus (urso-das-cavernas) na Europa Central e Oriental. O urso ingressus tinha uma distribuição ampla, desde os montes Urais, na Rússia, até a Alpes Suábios, na Alemanha. Era adaptado a ambientes continentais com clima frio e árido.

ANATOMIA E CARACTERÍSTICAS FÍSICAS

Estima-se que o urso-pardo-das-cavernas pesava em média 350 a 600 kg (espécime masculino).

Esqueleto de urso das cavernas compilado de diferentes restos individuais e espécies da Caverna Zoolithen, na Alemanha

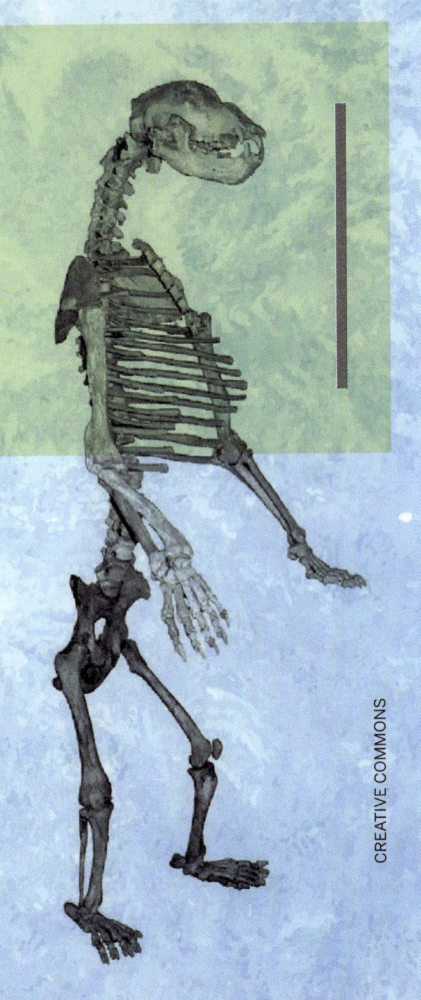

CREATIVE COMMONS

FAMÍLIA URSIDAE

COMPORTAMENTO E DIETA

Estudos sugerem que o urso ingressus era herbívoro, se alimentando principalmente de vegetação, mas também comia proteína animal, possivelmente terrestre e aquática. Evidências de danos nas mandíbulas indicam que ele entrou em conflito com outros grandes carnívoros da época, como o leão-das-cavernas e a hiena-das-cavernas. O Ursus ingressus tinha uma distribuição ampla, desde os montes Urais, na Rússia, até a Jura Suábia, na Alemanha. Era adaptado a ambientes continentais com clima frio e árido. Evoluiu do Ursus deningeri e se extinguiu há cerca de 30.000 anos atrás, provavelmente devido a mudanças climáticas e caçada humana. Alguns estudos ainda debatem se o Ursus ingressus e o Ursus spelaeus são espécies separadas ou subespécies da mesma espécie.

EXTINÇÃO

Vários fatores são discutidos sobre a extinção dos ursos-pardos-das-cavernas, incluindo mudanças climáticas desfavoráveis, competição por abrigos com humanos e neandertais, caça excessiva e declínio populacional gradual ao longo de milhares de anos.

Outro esqueleto de urso das cavernas compilado de diferentes restos individuais e espécies da Caverna Zoolithen, na Alemanha

CREATIVE COMMONS

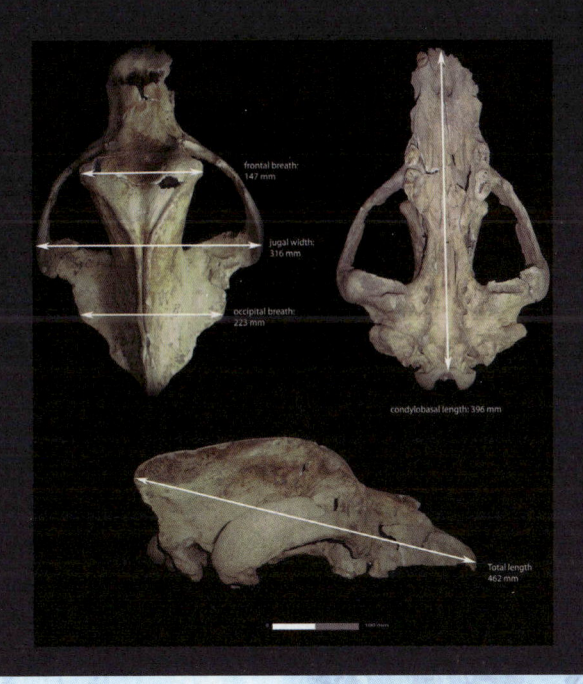

Crânio completo de um Ursus ingressus, encontrado na caverna de Hohle Fels, situada perto do município Happurg, Baviera.

CURIOSIDADES

- O Ursus ingressus é conhecido como o "urso-das-cavernas de Gamssulzen". Seu nome científico, ingressus, é derivado do latim e significa "entrar" ou "invadir", fazendo referência ao fato de que essa espécie de urso entrou na região dos Alpes e substituiu duas populações anteriores do urso-das-cavernas.
- Durante escavações na caverna Zoolithen, na Alemanha, foram encontrados crânios do Ursus ingressus com sinais de danos ocasionados por mordidas, resultado, provavelmente, de conflito com outros grandes carnívoros da época, como o leão-das-cavernas (Panthera spelaea) e a hiena-das-cavernas (Crocuta crocuta spelaea).

FAMÍLIA FELIDAE

TIGRE-DENTE-DE-SABRE

O PREDADOR ICÔNICO DA PRÉ-HISTÓRIA

Os tigres-dentes-de-sabre (Smilodon), com suas impressionantes presas curvas e tamanho imponente, são animais icônicos da fauna pleistocênica. Esses felídeos de porte grande dominaram os ecossistemas em que viveram, sendo predadores temidos no topo da cadeia alimentar. No entanto, o termo "dentes-de-sabre" vai além dos felinos que nos vêm à mente inicialmente.

HABITAT E DISTRIBUIÇÃO GEOGRÁFICA

Os dentes-de-sabre ocupavam uma variedade de habitats, desde florestas e pradarias até áreas mais áridas. Foram encontrados em várias regiões do mundo, incluindo a América do Sul. Alguns gêneros, como Homotherium e Smilodon, tiveram origem na África e se espalharam pelo hemisfério norte. Sua adaptabilidade permitiu que ocupasse habitats diversos, o que contribuiu para sua sobrevivência e sucesso evolutivo.

ANATOMIA E CARACTERÍSTICAS FÍSICAS

Os dentes-de-sabre eram felídeos de porte grande, variando em tamanho entre as espécies. Alguns exemplares poderiam chegar a pesar entre 80 e 120 kg e atingir um comprimento de até 2 metros. Eles podiam medir cerca de um metro no ombro, dependendo da espécie específica. Essas dimensões imponentes, combinadas com seus caninos curvos e extremamente longos, contribuíam para sua aparência formidável e lhes conferiam vantagens na caça. Além disso, algumas espécies apresentavam características únicas, como prolongamentos ósseos na mandíbula, que auxiliavam no encaixe dos caninos. Essas adaptações físicas desempenhavam um papel crucial na caça e na forma como os dentes-de-sabre lidavam com suas presas.

Crânio de um tigre-dente-de-sabre, encontrado no sítio arqueológico La Brea Tar Pits, em Los Angeles, EUA

FAMÍLIA FELIDAE

COMPORTAMENTO E DIETA

Os dentes-de-sabre utilizavam suas grandes patas e dentes para subjugar e caçar presas, geralmente herbívoros de grande porte. Seu modo de predar era diferente dos outros felídeos, pois seus caninos eram mais frágeis e propensos a quebrar. Em vez de matar suas presas por sufocamento ou mordida no crânio, como outros felídeos, os dentes-de-sabre infligiam ferimentos graves no pescoço ou abdome da presa, causando perda de sangue e incapacitação.

EXTINÇÃO

A extinção dos tigres-dentes-de-sabre está associada à extinção da megafauna no final do Pleistoceno. Com a diminuição ou extinção das presas de grande porte que dependiam para sobreviver, os tigres-dentes-de-sabre perderam sua principal fonte de alimento e enfrentaram dificuldades em se adaptar a novas condições. Além disso, durante o período do Grande Intercâmbio Americano de Fauna, os tigres-dentes-de-sabre coexistiram com outras espécies, como os barbourofelídeos (grupo de mamíferos carnívoros), e a competição por presas entre essas diferentes espécies de dentes-de-sabre pode ter levado à extinção de algumas delas, enquanto outras conseguiram sobreviver.

BONE CLONES / CREATIVE COMMONS

Esqueleto de Smilodon (Smilodon fatalis). Exposição no Museu Nacional da Natureza e Ciência, Tóquio, Japão

LEGADO

Os dentes-de-sabre representam um grupo de felídeos que ocuparam o topo da cadeia alimentar em seus habitats. O estudo dos dentes-de-sabre e seus fósseis preservados em locais — como as armadilhas de fauna naturais — proporciona uma visão valiosa das condições paleoecológicas do passado. Esses registros fósseis permitem aos cientistas reconstruir os ambientes em que esses animais viveram, além de fornecer informações sobre a diversidade de espécies e as interações ecológicas entre os predadores e suas presas.

CURIOSIDADES

- Embora os dentes-de-sabre sejam comumente associados a predadores felídeos, o termo pode ser aplicado a qualquer animal que possua caninos extremamente longos.
- Além dos felídeos, outros grupos de animais desenvolveram dentes-de-sabre de forma independente ao longo da história. Isso inclui lêmures, babuínos e até mesmo uma espécie de salmão.
- Ao contrário de outros felídeos, como leões e tigres, que geralmente matam suas presas por sufocamento ou mordida no crânio, os tigres dentes-de-sabre tinham dentes frágeis e não podiam utilizar esses métodos de caça. Em vez disso, eles usavam suas grandes patas e mordidas no pescoço ou abdome para infligir ferimentos graves e causar a morte por perda de sangue.

FAMÍLIA FELIDAE

MEGANTEREON

O ANCESTRAL DO SMILODON

O Megantereon é um gênero de felino dente-de-sabre pré-histórico que habitou a América do Norte, Eurásia e África. Esse animal viveu durante o final do Mioceno até o Pleistoceno Médio. Os megantereons eram parentes próximos do smilodon, o tigre-dentes-de-sabre, e podem ter sido seus ancestrais.

Fóssil do Megantereon e sua respectiva representação, no Museu de História Natural de Basileia, na Suíça

HABITAT E DISTRIBUIÇÃO GEOGRÁFICA

Fósseis deste felino dente-de-sabre foram encontrados na América do Norte, Eurásia e África. Evidências mostram que também habitou a região sul da China, embora fosse menos adaptado a ambientes florestais fechados. Os fósseis mais antigos do megantereon são datados de cerca de 4,5 milhões de anos na América do Norte, 3,5 milhões de anos na África e 2,5 milhões de anos na Ásia. Recentemente, fragmentos fósseis encontrados no Quênia e Chade, datados de 5,7 a 7 milhões de anos, indicam uma origem do megantereon no Mioceno Tardio da África.

FAMÍLIA FELIDAE

ANATOMIA E CARACTERÍSTICAS FÍSICAS

O megantereon se assemelhava a um grande jaguar moderno, porém mais robusto. Possuía membros anteriores fortes e músculos do pescoço desenvolvidos para morder com força. Seus caninos superiores alongados eram protegidos por flanges na mandíbula. Os maiores espécimes, encontrados na Índia, possuíam cerca de 70 cm de altura, no ombro, e pesavam cerca de 90 e 150 kg, enquanto as espécies de tamanho médio da Eurásia e América do Norte pesavam menos. Acredita-se que o megantereon fosse capaz de subir em árvores, semelhante aos leopardos, e suas presas incluíam artiodáctilos[1] maiores, cavalos e jovens rinocerontes e elefantes.

---

1. Ordem de mamíferos ungulados com um número par de dedos.

COMPORTAMENTO E DIETA

O megantereon possivelmente era um caçador solitário, indicado pelo tamanho relativamente pequeno de seus dentes carniceiros. Acredita-se que utilizava seus dentes longos e afiados para desferir mordidas letais na garganta das presas, interrompendo nervos e vasos sanguíneos importantes. Não se sabe ao certo como o megantereon matava sua caça, mas acredita-se que a morte rápida limitava a resistência do animal atacado. Algumas evidências sugerem que o animal também interagia com hominídeos, como indicado por ferimentos em crânios de Homo erectus encontrados em Dmanisi, Geórgia.

EXTINÇÃO

O megantereon evoluiu para o maior smilodon na América do Norte no final do Plioceno e sobreviveu no Velho Mundo até o Pleistoceno Médio. Os fósseis mais recentes do megantereon têm cerca de 1,5 milhão de anos na África Oriental e 500.000 anos na Ásia. Os registros fósseis indicam que o megantereon estava presente na Europa até 900.000 anos atrás.

LEGADO

O megantereon deixou um legado devido à sua adaptação única e evolução em felinos dente-de-sabre maiores, como o smilodon. Sua presença e interações na época pré-histórica fornecem informações valiosas para os cientistas estudarem a ecologia e o comportamento dos animais extintos.

CURIOSIDADES

- Megantereon significa "dente grande" em grego.
- Os caninos alongados do megantereon o tornaram um predador formidável, mas também apresentavam riscos de quebrar durante as caçadas.
- Evidências sugerem que o megantereon interagia com hominídeos, possivelmente como competidores ou ameaças.
- Esse animal pode ter sido um arborícola, capaz de escalar árvores.

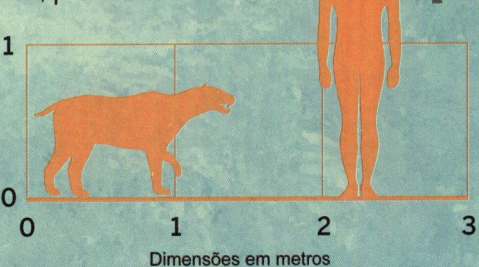

Dimensões em metros

FAMÍLIA FELIDAE

O LEÃO-DAS-CAVERNAS

O MESTRE DAS EMBOSCADAS

O leão-das-cavernas, cientificamente conhecido como Panthera spelaea ou leão-das-cavernas europeu/eurasiático, é uma espécie extinta de felino que habitou a Eurásia durante o final do período Pleistoceno. Esse grande predador tem despertado o interesse dos paleontólogos e entusiastas da vida pré-histórica devido às suas características físicas peculiares e ao seu papel no ecossistema da época.

CREATIVE COMMONS

HABITAT E DISTRIBUIÇÃO GEOGRÁFICA

O leão-das-cavernas habitava uma vasta extensão geográfica, conhecida como Eurásia, durante o final do Pleistoceno. Embora o nome sugira uma associação exclusiva com cavernas, os fósseis indicam que essa espécie também ocupava outras áreas, demonstrando uma boa adaptação a ambientes frios, desde que houvesse presas suficientes para caçar. Embora fosse encontrado em várias regiões, a presença do leão-das-cavernas em diferentes locais é mais notável por meio dos seus restos encontrados em cavernas, o que deu origem ao seu nome popular. Além disso, há evidências de que esses leões frequentavam as cavernas para roubar filhotes de ursos-das-cavernas e se alimentar de indivíduos fracos em estado de hibernação.

ANATOMIA E CARACTERÍSTICAS FÍSICAS

O leão das cavernas era um felino de grandes proporções. Medindo aproximadamente 1,2 metro de altura nos ombros e 2,1 metros de comprimento, embora alguns restos indiquem um tamanho ligeiramente maior. Os estudos indicam que essa espécie evoluiu a partir do Panthera leo fossilis, que era ainda maior do que o leão das cavernas. Curiosamente, geralmente os animais tendem a aumentar de tamanho ao longo das gerações, a menos que fatores ecológicos, como a redução de alimentos disponíveis, interfiram.

Na imagem ao lado, reconstituição de um leão das cavernas europeu, que faz parte da La galerie de l'Aurignacien, na Chauvet-Pont-d'Arc, França

FAMÍLIA FELIDAE

COMPORTAMENTO E DIETA

Os leões das cavernas eram predadores ativos em ambientes mais densamente cobertos, como florestas, que eram habitadas por veados e ofereciam maior quantidade de esconderijos para táticas de emboscada. Embora existissem outros grandes predadores, como o tigre-dentes-de-sabre e a hiena-das-cavernas, que caçavam nas mesmas regiões, esses animais ocupavam diferentes ecossistemas, o que minimizava a competição direta entre eles. Estudos de análise isotópica do colágeno do leão das cavernas indicam que pelo menos algumas populações se alimentavam regularmente de filhotes de ursos-das-cavernas, além de consumirem grandes quantidades de rena.

EXTINÇÃO

Sua provável extinção pode ter sido resultado do aumento da competição com novos predadores, como lobos e humanos primitivos. À medida que o Pleistoceno chegava ao fim, a paisagem aberta foi substituída por florestas, o que causou o desaparecimento da maioria dos grandes mamíferos. Além disso, os humanos primitivos também caçavam as mesmas presas que leões e lobos, apresentando uma vantagem significativa com suas armas e habilidades adaptativas. A relação entre o leão das cavernas e os primeiros humanos ainda é objeto de debate, mas evidências indicam que eles podem ter tido contato, retratando o leão em arte rupestre e possivelmente incluindo-o em rituais.

Esqueleto de leão das cavernas, no Museu de História Natural de Viena, Áustria

WIKIMEDIA COMMONS

LEGADO
O estudo dessa espécie extinta nos fornece insights valiosos sobre a ecologia e a interação entre os animais e o ambiente em um período pré-histórico.

CURIOSIDADE
- A relação entre o leão das cavernas e os primeiros humanos ainda é objeto de debate, mas evidências indicam que eles podem ter tido contato, retratando o leão em arte rupestre e possivelmente incluindo-o em rituais.

FAMÍLIA FELIDAE

PANTHERA PARDUS SPELAEA

O CAÇADOR FURTIVO

O Panthera pardus spelaea, também conhecido como leopardo do período pleistoceno tardio ou leopardo do gelo europeu, é uma subespécie de leopardo fóssil que habitava a Europa durante o período Pleistoceno. Os registros mais recentes de fragmentos ósseos datam aproximadamente de 32.000 a 26.000 anos atrás e possuem tamanho semelhante aos ossos de leopardos modernos.

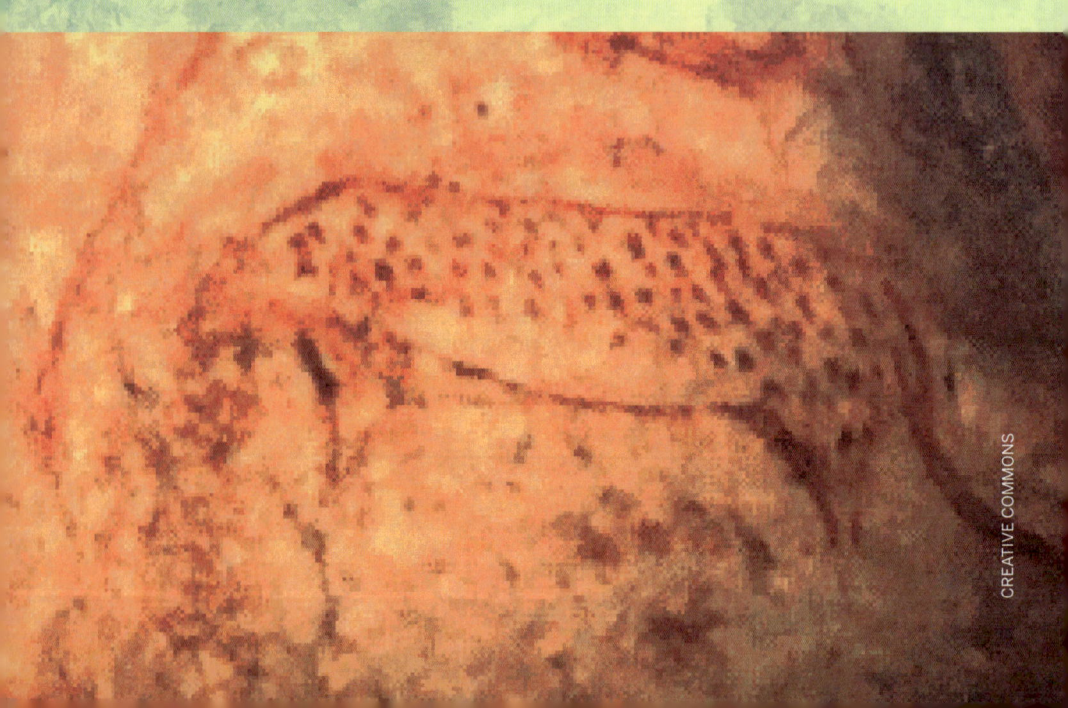

CREATIVE COMMONS

HABITAT E DISTRIBUIÇÃO GEOGRÁFICA

Durante o Pleistoceno, o Panthera pardus tinha uma distribuição abrangente, cobrindo praticamente toda a África e a Ásia. Sua presença também foi registrada em partes da Europa, incluindo o sul da Europa e várias áreas da Europa Central, como Alemanha, Áustria, Hungria, República Tcheca e Suíça. A subespécie também deixou registros no Holoceno, com restos subfósseis encontrados na Espanha, Itália, regiões do Ponto-Mediterrâneo e Bálcãs, e até mesmo no norte da Ucrânia.

ANATOMIA E CARACTERÍSTICAS FÍSICAS

O leopardo do período Pleistoceno tinha uma anatomia semelhante à dos leopardos atuais. Era um felino de porte médio a grande, com um corpo musculoso e ágil, adaptado para a caça e o movimento em diferentes tipos de terreno. Sua pelagem apresentava manchas escuras em um fundo amarelado ou acinzentado, proporcionando uma excelente camuflagem em seu ambiente natural. Os leopardos possuíam membros robustos e garras retráteis, que os auxiliavam na escalada de árvores e no ataque às presas. Assim como os leopardos modernos, havia um forte dimorfismo sexual[1], com os machos sendo maiores que as fêmeas.

---

1. Dimorfismo sexual é considerado quando há ocorrência de indivíduos do sexo masculino e feminino de uma espécie com características físicas não sexuais marcadamente diferentes.

Na imagem ao lado, pintura rupestre de uma Panthera pardus, na Caverna de Chauvet, França

FAMÍLIA FELIDAE

COMPORTAMENTO E DIETA

Os leopardos do Pleistoceno eram animais solitários e territoriais. Eles exibiam um comportamento adaptado ao seu habitat específico, que podia variar desde a caça em áreas abertas até a utilização de cavernas para esconder suas presas. Esses felinos eram caçadores habilidosos e se alimentavam principalmente de ungulados[1], como cervos e antílopes, além de outros mamíferos de médio a grande porte. Os panthera pardus tinham uma estratégia de caça furtiva, aproximando-se silenciosamente de suas presas antes de dar o bote final. Durante as fases frias, os leopardos do gelo europeus habitavam principalmente florestas boreais alpinas ou montanhas acima da linha das árvores e geralmente não eram encontrados nas estepes baixas dos mamutes.

1. Grupo de mamíferos que compreende os animais de casco, como os citados no texto.

EXTINÇÃO

Os leopardos do gelo europeus desapareceram da maior parte da Europa há cerca de 24.000 anos, pouco antes do Último Máximo Glacial. No entanto, eles conseguiram sobreviver pelo menos até o início da glaciação Weichseliana (último período glacial), na Alemanha. Mudanças climáticas, competição com outras espécies, perda de habitat e caça por humanos podem ter contribuído para o desaparecimento gradual desses leopardos. No entanto, é importante ressaltar que esse animal continua presente na natureza hoje, mas em diferentes subespécies que se adaptaram às condições atuais.

Crânio de leopardo das cavernas perfurado por uma mordida de leão, no Museu de História Natural em Florença, Itália

LEGADO

O panthera pardus spelaea deixou um legado (em forma de fósseis e pinturas rupestres) importante na história evolutiva dos felinos. Sua versatilidade e capacidade de adaptação a uma variedade de habitats são características impressionantes. Atualmente, o leopardo é um dos grandes felinos mais reconhecidos e emblemáticos, com sua elegante aparência e habilidades de caça furtiva. Sua presença também tem um significado cultural e simbólico em muitas culturas ao redor do mundo, sendo um símbolo de força, agilidade e beleza.

CURIOSIDADE

Os leopardos são conhecidos por suas habilidades de escalada em árvores, sendo capazes de arrastar suas presas para cima de galhos altos para evitar a concorrência de outros predadores, como as hienas. Essa adaptação única é uma das características marcantes do comportamento dos leopardos, tanto no Pleistoceno quanto nos dias atuais.

FAMÍLIA HYAENIDAE

HIENA-DAS-CAVERNAS

UMA FIGURA ENIGMÁTICA

A hiena-das-cavernas (Crocuta crocuta spelaea) foi uma antiga subespécie da hiena-malhada que viveu durante a Era do Gelo na Eurásia, abrangendo desde a Península Ibérica até o leste da Sibéria. Conhecida por ser um dos mamíferos mais proeminentes da época, a hiena-das-cavernas era altamente especializada e caçava grandes mamíferos, incluindo cavalos selvagens, bisões e rinocerontes lanudos. Seus restos fossilizados são frequentemente encontrados em cavernas, sumidouros, buracos de lama e margens de rios, revelando o seu comportamento de acumulação de ossos.

CREATIVE COMMONS

Recorte do desenho de uma hiena-das-cavernas retratada em um selo da Moldávia (Leste Europeu)

HABITAT E DISTRIBUIÇÃO GEOGRÁFICA

As populações de hiena-das-cavernas se estendiam por uma área que compreendia grande parte da Europa, abrangendo regiões que hoje são ocupadas por países como Espanha, França, Alemanha, República Tcheca, Rússia e outros. Esses animais eram particularmente comuns em muitas cavernas europeias, onde deixavam seus vestígios ósseos ao longo do tempo, resultando em sítios arqueológicos importantes para estudar a fauna do período Pleistoceno. A hiena-das-cavernas tornou-se um dos mamíferos mais conhecidos e estudados desse período. Frequentavam regiões de clima frio, incluindo tundras, estepes e áreas próximas a rios e pântanos.

ANATOMIA E CARACTERÍSTICAS FÍSICAS

A hiena-das-cavernas era uma espécie grande e robusta em comparação com suas parentes modernas, as hienas-malhadas. A partir de um espécime quase completo encontrado em uma caverna na Espanha estima-se que esse animal pesava 103 kg. As fêmeas eram maiores que os machos. As hienas das cavernas possuíam úmeros (ossos do braço) e fêmures (ossos da coxa) mais longos em comparação com os das hienas-malhadas. Essa adaptação sugere que as hienas das cavernas tinham diferentes estratégias de movimento e locomoção em seu ambiente específico.

FAMÍLIA HYAENIDAE

COMPORTAMENTO E DIETA

A hiena-das-cavernas era uma caçadora ativa e especializada. Diferente de suas parentes malhadas que são conhecidas por serem oportunísticas e necrófagas, a hiena-das-cavernas caçava ativamente grandes mamíferos, como cavalos selvagens, bisões das estepes e rinocerontes-lanudos. Evidências fósseis indicam que as hienas-das-cavernas ocasionalmente roubavam presas de neandertais e até mesmo entravam em disputas territoriais com eles por ocupação de cavernas. Também há evidências de que humanos mataram e possivelmente consumiram hienas durante o Pleistoceno Médio na Europa. Registros mostram que em certos locais, como a Caverna de Srbsko Chlum-Komin, na República Tcheca, 51% dos restos encontrados eram de cavalos. Essa preferência era única em relação ao comportamento alimentar das hienas-malhadas modernas, que têm uma dieta mais diversificada, incluindo antílopes e outras presas menores. Além de cavalos, a hiena-das-cavernas também se alimentava de outras presas de grande porte, como bisões das estepes e rinocerontes lanudos.

EXTINÇÃO

Entre as possíveis causas da extinção da hiena-das-cavernas estão as mudanças climáticas, competição com outros predadores, como lobos e seres humanos, e alterações no habitat. Populações de hienas das cavernas começaram a declinar por volta de 20.000 anos atrás e desapareceram completamente do oeste da Europa entre 14.000 e 11.000 anos atrás. Isso pode indicar que a extinção da espécie ocorreu de forma regional em diferentes momentos e locais.

LEGADO

O legado da hiena-das-cavernas é marcado pela sua importância como um dos mamíferos mais emblemáticos da Era do Gelo e pela sua contribuição para o conhecimento científico em paleontologia e biologia evolutiva. Seu registro fóssil em diversas cavernas da Eurásia nos permite entender melhor o passado da vida na Terra, incluindo suas interações com outras espécies, suas adaptações ao ambiente e os fatores que podem ter levado à sua extinção.

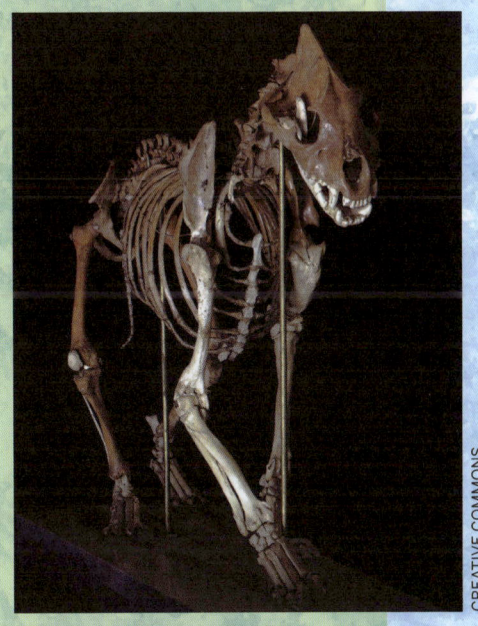

Esqueleto de uma hiena-das-cavernas, no Museu de Toulouse, França

CREATIVE COMMONS

CURIOSIDADE

Evidências fósseis indicam que as hienas das cavernas ocasionalmente roubavam presas de neandertais e até mesmo entravam em disputas territoriais com eles por ocupação de cavernas.
A hiena-das-cavernas é representada em várias pinturas rupestres da Era do Gelo na França. Por exemplo, uma pintura da Caverna de Chauvet mostra uma hiena com duas patas e padrões distintos na cabeça e na frente. Outras pinturas em Lascaux e na Caverna de Ariège também retratam a hiena-das-cavernas.

FAMÍLIA MEGATHERIIDAE

PREGUIÇA-GIGANTE

UMA CRIATURA COLOSSAL

As preguiças-gigantes (Nothrotheriops shastensis) ou preguiças-terrestres foram grandes mamíferos herbívoros que habitaram a América do Norte durante o final do período Pleistoceno. Essa criatura era parte de uma rica e diversificada fauna que viveu em diferentes habitats no continente há milhares de anos. Os primeiros fósseis desse animal foram descritos em 1905.

CREATIVE COMMONS

HABITAT E DISTRIBUIÇÃO GEOGRÁFICA

As preguiças-gigantes ocupavam diversos ambientes na América do Norte durante o Pleistoceno. Eram encontradas desde o centro do México até a maior parte do Sudoeste dos Estados Unidos, habitando áreas como bosques de zimbro, bosques abertos e áreas sazonais úmidas. Preguiças parcialmente mumificadas foram encontradas em cavernas do deserto no Arizona e no Novo México, incluindo uma caverna no Parque Nacional do Grand Canyon que estava cheia de esterco desses animais.

ANATOMIA E CARACTERÍSTICAS FÍSICAS

As preguiças-gigantes eram mamíferos de grande porte que tinham cerca 3 metros de comprimento e peso em torno de 1.000 kg. Sua anatomia apresentava adaptações únicas para a vida arborícola, incluindo membros robustos e garras poderosas, que usavam para se agarrar aos galhos das árvores e se defender de predadores. Tinha um crânio longo e fino com uma boca estreita para sustentar uma longa língua preênsil[1].

---

1. Língua capaz de agarrar/prender objetos.

Representação artística da Nothrotheriops shastensis

FAMÍLIA MEGATHERIIDAE

COMPORTAMENTO E DIETA

As preguiças-gigantes eram animais herbívoros que se alimentavam principalmente de plantas. A partir de evidências fósseis, os paleontólogos determinaram que a dieta desses animais incluía frutas de árvores de Josué [1], cactos e mandioca, juntamente com outras plantas do deserto. Essas criaturas tinham um metabolismo lento e gastavam grande parte de seu tempo descansando ou dormindo. Sua lentidão era uma estratégia de conservação de energia em um ambiente onde a disponibilidade de alimento era limitada.

---

1. Árvore de Josué, de nome científico Yucca brevifolia, é uma espécie de planta nativa do árido sudoeste dos Estados Unidos. O nome é uma referência ao profeta Josué, de uma passagem da Bíblia, no Velho Testamento.

EXTINÇÃO

As preguiças-gigantes foram extintas no final do período Pleistoceno, há cerca de 11.000 anos. A causa exata de sua extinção ainda é motivo de debate entre os cientistas. Mudanças climáticas, atividade humana e a chegada de novos predadores são algumas das hipóteses que podem ter contribuído para a sua extinção.

Fósseis de preguiças-gigantes em exibição no Museu de La Plata, Argentina.

LEGADO

O legado das preguiças-gigantes é significativo para a compreensão da história natural da América do Norte e das mudanças ambientais ao longo do tempo. A descoberta de seus fósseis em diferentes localidades tem sido fundamental para o estudo da migração e distribuição de animais entre as Américas durante o Pleistoceno, um evento conhecido como "Great American Biotic Interchange" (Grande Intercâmbio Americano).

CURIOSIDADES

- As preguiças-gigantes fazem parte do grupo conhecido como "megafauna", que inclui mamíferos de grande porte extintos.
- O nome "preguiça-terrestre", como também é conhecida a preguiça-gigante, se deve ao fato de que, apesar de pertencerem à ordem dos Xenarthra (a mesma das preguiças e tamanduás atuais), essas espécies viviam principalmente no solo, ao contrário de suas parentes arborícolas.

Fóssil brasileiro de preguiça-gigante, no Museu Nacional do Rio de Janeiro

FAMÍLIA RHINOCEROTIDAE

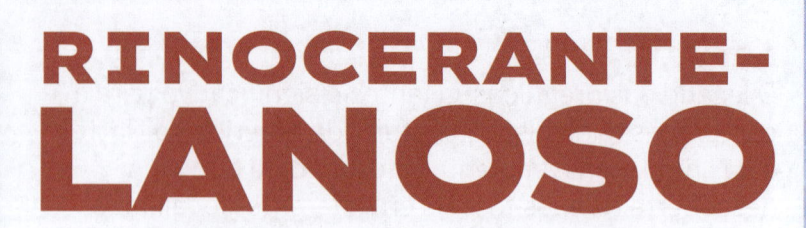

RINOCERANTE-LANOSO

UM GIGANTE COM CHIFRES DE QUERATINA

O rinoceronte-lanudo ou lanoso (Coelodonta antiquitatis) foi uma espécie extinta que habitou a Terra entre três milhões e meio e 14.000 anos atrás. Esses imponentes animais eram caracterizados por sua espessa pelagem marrom-avermelhada e dois grandes chifres de queratina.

CREATIVE COMMONS

HABITAT E DISTRIBUIÇÃO GEOGRÁFICA

O rinoceronte-lanudo ocupou vastas regiões da Ásia, Eurásia e Europa. Seu habitat incluía as tundras e as vastas planícies geladas, que proporcionavam as condições ideais para sua sobrevivência. No entanto, com o derretimento da Era do Gelo e a mudança do ecossistema, o habitat do rinoceronte-lanudo se alterou, o que acabou contribuindo significativamente para sua extinção, ocorrida há aproximadamente 12.000 anos.

ANATOMIA E CARACTERÍSTICAS FÍSICAS

O rinoceronte-lanudo possuía pernas curtas e robustas, alcançando cerca de 1,82 metro de altura nos ombros. Seu corpo era coberto por uma densa pelagem de cor marrom-avermelhada. O aspecto mais distintivo desse rinoceronte eram seus chifres de queratina: um grande chifre, medindo cerca de 91 cm de altura, situava-se na ponta do focinho, e um chifre secundário menor localizava-se próximo aos olhos. Essas criaturas antigas pesavam entre 1.700 e 2.200 kg, mas é possível que algumas fossem ainda mais pesadas.

CREATIVE COMMONS

Pintura rupestre de um rinoceronte lanoso em na Caverna de Chauvet, França, datada de 33.000 a 30.000 anos

FAMÍLIA RHINOCEROTIDAE

COMPORTAMENTO E DIETA
O rinoceronte lanudo era um herbívoro que se alimentava principalmente das duras gramíneas que cresciam nas tundras e pradarias geladas. Suas mandíbulas bem desenvolvidas e dentes maciços eram perfeitamente adaptados para triturar essas gramíneas resistentes. Acredita-se que esses rinocerontes também se alimentavam de plantas como a artemísia, musgos, brotos de arbustos, líquens e outras plantas herbáceas disponíveis em seu ambiente.

EXTINÇÃO
A extinção do rinoceronte-lanudo foi resultado de diversos fatores. A caça excessiva realizada por humanos, alterações climáticas e a perda de habitat e recursos alimentares contribuíram para o seu desaparecimento. A pelagem densa, que era uma vantagem no frio extremo da Era do Gelo, tornou-se também um fardo quando o clima começou a se aquecer novamente, e a espécie não conseguiu se adaptar às mudanças. A combinação desses fatores levou ao declínio e à extinção do rinoceronte-lanudo, com o último indivíduo provavelmente vivendo há cerca de 12.000 anos.

Esqueleto de um rinocerante lanoso, no Museu de Toulouse, na França

LEGADO

Embora o rinoceronte-lanudo não exista mais, seu legado perdura através dos estudos científicos e das descobertas paleontológicas. Fósseis e descobertas recentes de espécimes mumificados proporcionaram aos cientistas uma visão mais detalhada sobre a vida e as características desses magníficos animais que viveram há milhares de anos.

CURIOSIDADE

- Acredita-se que o rinoceronte lanudo tenha sido caçado por humanos pré-históricos por suas peles e carne, tornando-o uma presa valiosa durante seu tempo de existência.
- Descobertas recentes de fósseis, como o espécime conhecido como "Sasha[1]," proporcionaram aos cientistas informações importantes sobre a vida e a anatomia do rinoceronte lanudo.

---

1. Um rinoceronte bebê mumificado cuja pele e até tecidos moles foram preservados quando ela foi encontrada na República de Sakha, Rússia, em 2014.

CREATIVE COMMONS

FAMÍLIA RHINOCEROTIDAE

ELASMOTHERIUM SIBIRICUM

O PROTÓTIPO DO MÍTICO UNICÓRNIO

O Elasmotherium sibiricum, comumente conhecido como o "unicórnio siberiano", foi uma espécie de rinoceronte extinta que habitou a região da Eurásia durante o Pleistoceno. Ele era notável por seu chifre longo e reto. Acredita-se que esse animal tenha sido bem conhecido pelos humanos pré-históricos como um objeto de caça em potencial e até mesmo considerado por alguns como um protótipo do mítico unicórnio.

HABITAT E DISTRIBUIÇÃO GEOGRÁFICA

O Elasmotherium sibiricum habitava uma variedade de habitats, desde estepes e tundras até florestas abertas, que eram típicos da região da Eurásia durante o Pleistoceno. Sua distribuição geográfica era ampla, abrangendo áreas que hoje correspondem à Rússia, à Ucrânia, ao Cazaquistão e a outros países da região. Sua capacidade de se adaptar a diferentes ambientes contribuiu para sua ampla distribuição.

ANATOMIA E CARACTERÍSTICAS FÍSICAS

O Elasmotherium sibiricum era um rinoceronte de porte grande, chegando a ter cerca de 4,5 metros de comprimento e 2,5 metros de altura nos ombros. Sua característica mais distintiva era o chifre único, que crescia a partir de seu nariz. Diferentemente dos mitos sobre unicórnios, o chifre do Elasmotherium era reto e tinha uma estrutura óssea. Sua pelagem provavelmente variava em tonalidades de marrom a cinza, o que o ajudava a se camuflar em seu ambiente.

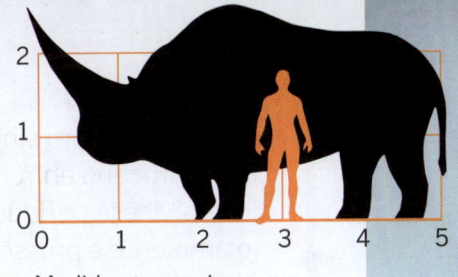

Medidas em metros

FAMÍLIA RHINOCEROTIDAE

COMPORTAMENTO E DIETA
O comportamento do Elasmotherium sibiricum provavelmente envolvia padrões semelhantes aos de outros rinocerontes. Eles eram herbívoros, se alimentando principalmente de plantas rasteiras, gramíneas e arbustos. Sua adaptação a diferentes ambientes sugere que esse animal tinha uma dieta flexível. Para se protegerem de predadores, como tigres-dentes-de-sabre e lobos gigantes, esses rinocerontes poderiam usar seu chifre como uma defesa eficaz.

EXTINÇÃO
O Elasmotherium sibiricum e muitas outras megafaunas do Pleistoceno enfrentaram extinção em massa ao longo do final desse período. Mudanças climáticas, variações no ambiente e pressões causadas pela atividade humana, como caça excessiva, provavelmente contribuíram para seu declínio e eventual extinção.

LEGADO
Embora o Elasmotherium sibiricum tenha desaparecido há milhares de anos, ele permanece como um exemplo emblemático da diversidade da vida no passado da Terra. Seu chifre curioso também pode ter inspirado muitos mitos e lendas relacionados a unicórnios em várias culturas ao longo dos anos.

O esqueleto do Elasmotherium sibiricum restaurado, em exposição do Museu Regional do Estado de Stavropol, Rússia, baseado em um esqueleto quase completo encontrado em 1964 perto da aldeia Gaevskaya (região de Stavropol).

CURIOSIDADES

- A aparência do Elasmotherium contribuiu para a disseminação de histórias sobre unicórnios em diferentes culturas ao redor do mundo.
- O chifre do Elasmotherium sibiricum era oco por dentro, o que o tornava mais leve, mas também menos resistente a quebras.
- Estudos paleontológicos indicam que o chifre do Elasmotherium poderia ter alcançado comprimentos surpreendentes, possivelmente até 2 metros.

FAMÍLIA BOVIDAE

BISÃO ANTIGO

O ANCESTRAL DO BISÃO AMERICANO

O bisão antigo (Bison antiquus) ou bisão ancestral, foi o herbívoro terrestre mais comum na América do Norte durante mais de dez mil anos. Ele é um ancestral direto do bisão americano (American bison) vivo atualmente.

AUTOR DESCONHECIDO

HABITAT E DISTRIBUIÇÃO GEOGRÁFICA

Durante o final do Pleistoceno, o Bison antiquus habitou uma vasta área da América do Norte, desde o Alasca até o sul do México. Sua distribuição abrangia várias regiões, incluindo partes do Canadá e dos Estados Unidos. Fósseis bem preservados desse animal foram encontrados em diversas localidades nos Estados Unidos, Canadá e sul do México. O bisão antigo foi especialmente abundante em algumas partes do centro do continente norte-americano durante o período entre 18.000 e 10.000 anos atrás.

ANATOMIA E CARACTERÍSTICAS FÍSICAS

O bisão antigo era uma espécie maior em comparação com o bisão moderno. Ele possuía ossos e chifres maiores, sendo aproximadamente 15 a 25% maior em tamanho geral. Esses bisões alcançavam alturas de até 2,27 metros e comprimentos de cerca de 4,6 metros, com um peso médio de 1.588 kg. Os chifres desses animais mediam cerca de 1 metro de ponta a ponta. Possuíam uma espessa pele marrom-escuro com camadas irregulares de marrom-claro em sua crista e uma grande corcova e chifres alongados.

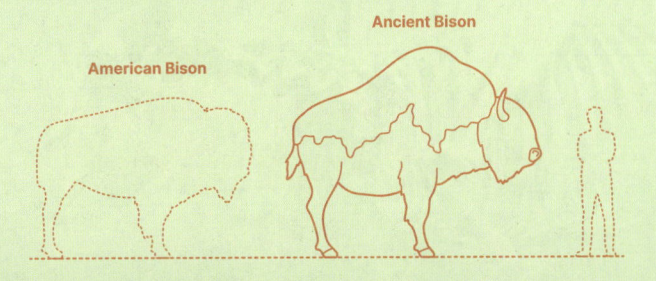

American Bison   Ancient Bison

DIMENSIONS.COM

FAMÍLIA BOVIDAE

COMPORTAMENTO E DIETA

Como herbívoros, os bisões antigos eram alimentadores de pasto, provavelmente percorrendo grandes áreas em busca de alimento. Eles faziam parte de ecossistemas que incluíam outras espécies de megafauna do Pleistoceno, como mastodontes e mamutes. Esses animais tinham uma dieta baseada principalmente em vegetação, o que os tornava importantes componentes da cadeia alimentar e do equilíbrio ecológico da época.

EXTINÇÃO

O Bison antiquus e outras espécies de megafauna do Pleistoceno foram extintos por volta de 10.000 anos atrás, durante o período conhecido como a extinção do Pleistoceno-Holoceno. A causa exata dessa extinção em massa não é totalmente compreendida, mas várias teorias foram propostas. Mudanças climáticas, pressão predatória de humanos pré-históricos e outros fatores ambientais podem ter contribuído para o declínio e desaparecimento desses animais.

Esqueleto de bisão antigo, no Museu La Brea Tar Pits, em Los Angeles, EUA

CREATIVE COMMONS

LEGADO

O Bison antiquus deixou um legado significativo como um ancestral direto do bisão americano moderno (Bison bison). Sua extinção permitiu a evolução e a expansão da população do Bison bison, que continua a ser um ícone importante da vida selvagem da América do Norte até os dias atuais. Os bisões têm um papel cultural e histórico significativo para muitos povos nativos e são considerados um símbolo da fauna nativa da América do Norte.

CURIOSIDADE

- O Bison antiquus era um dos mamíferos herbívoros de grande porte mais comuns encontrados nas famosas La Brea Tar Pits, nos Estados Unidos.
- Um sítio arqueológico notável, conhecido como Hudson-Meng, revelou mais de 500 esqueletos de Bison antiquus, datados de cerca de 9.700 a 10.000 anos atrás, acompanhados de pontos de lança e projéteis paleo-indígenas.
- A sobrevivência do Bison antiquus e do Bison occidentalis durante o período do final do Pleistoceno, quando muitos outros megafaunas foram extintos, é de interesse para entender a ecologia e a história da América do Norte.
- Fósseis do Bison antiquus encontrados no Estado Washington, EUA, mostraram evidências de fraturas consistentes com o uso de ferramentas de pedra por humanos, sugerindo interações entre esses animais e os povos pré-históricos da região.

Crânio de um bisão antigo, no Museu La Brea Tar Pits, em Los Angeles, EUA

FAMÍLIA BOVIDAE

AUROQUE
O ANCESTRAL DAS VACAS E DOS TOUROS

O auroque (Bos primigenius), uma espécie extinta da família bovidae, desempenhou um papel fundamental na história da evolução e domesticação do gado moderno. Este majestoso herbívoro deixou um legado que se estende desde as antigas pinturas rupestres até a influência nas práticas de criação modernas. O auroque fazia parte da megafauna do Pleistoceno.

CREATIVE COMMONS

Pintura que representa um cruzamento de boi com auroque, ou simplesmente um boi com aparência de auroque. Este desenho é uma cópia do original do século XVI.

HABITAT E DISTRIBUIÇÃO GEOGRÁFICA

O auroque provavelmente evoluiu na Ásia e migrou para oeste e norte durante períodos interglaciais quentes. Fósseis indicam presença na Índia, Norte da África, Europa e Escandinávia durante diferentes épocas. Habitava ambientes variados, incluindo florestas ribeirinhas, pântanos e áreas de pastagem. O pólen de pequenos arbustos encontrados em sedimentos fossilíferos com restos de auroques na China indica que ele preferia planícies gramíneas temperadas.

ANATOMIA E CARACTERÍSTICAS FÍSICAS

O auroque tinha um tamanho impressionante, com altura no ombro de até 180 cm, em touros, e 155 cm, em vacas. Possuía chifres maciços que podiam atingir 80 cm de comprimento, uma característica marcante. Sua forma corporal era diferente das raças modernas de gado, com pernas mais longas e esguias, crânio maior e uma aparência geral atlética. As proporções e a forma do corpo dos auroques eram notavelmente diferentes de muitas raças de gado modernas. Por exemplo, as pernas eram consideravelmente mais longas e delgadas, resultando em uma altura dos ombros quase igual ao comprimento do tronco. O crânio, carregando os grandes chifres, era substancialmente maior e mais alongado do que na maioria das raças de gado.

FAMÍLIA BOVIDAE

COMPORTAMENTO E DIETA

O auroque formava pequenos grupos durante o inverno e vivia solitário ou em grupos menores durante o verão. Era um animal herbívoro que se alimentava de gramíneas, brotos e bolotas. Durante o outono, acumulava gordura para o inverno. A reprodução ocorria na primavera, e os bezerros nasciam nessa época.

EXTINÇÃO

A população de auroques começou a declinar devido à perda de habitat e à caça. A espécie foi caçada excessivamente, e a competição com humanos e o gado doméstico contribuiu para sua extinção gradual. O último exemplar de auroque vivo registrado, uma fêmea, faleceu em 1627, de causas naturais, na floresta de Jaktorów, na Polônia.

DOMÍNIO PÚBLICO

Chifre ornamental de auroque

DOMÍNIO PÚBLICO

LEGADO

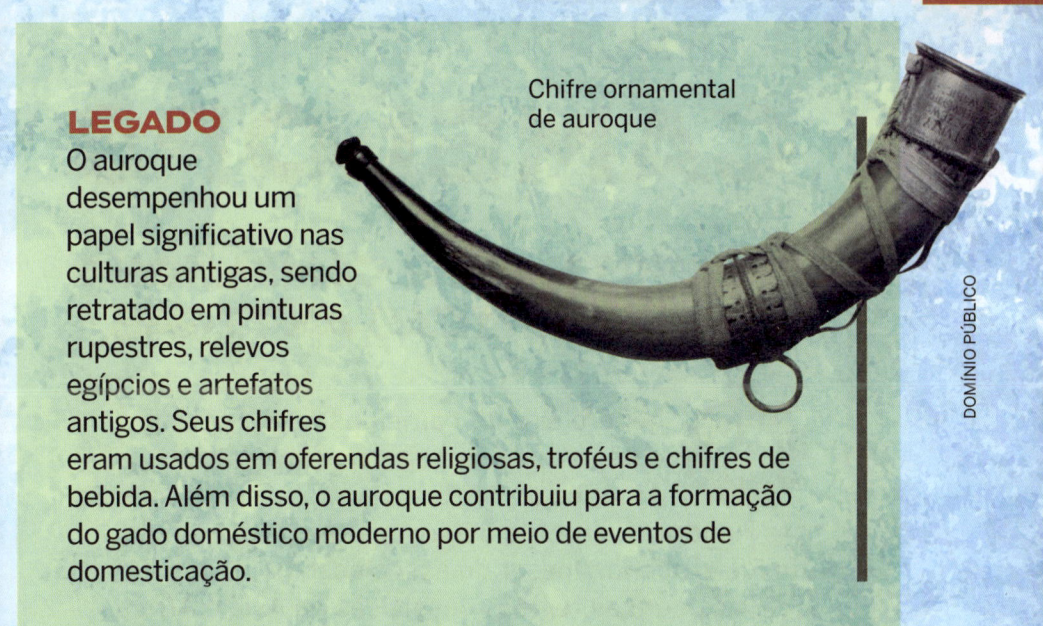

O auroque desempenhou um papel significativo nas culturas antigas, sendo retratado em pinturas rupestres, relevos egípcios e artefatos antigos. Seus chifres eram usados em oferendas religiosas, troféus e chifres de bebida. Além disso, o auroque contribuiu para a formação do gado doméstico moderno por meio de eventos de domesticação.

CURIOSIDADE

- O auroque simbolizava poder e potência sexual em religiões do Oriente Médio antigo.
- A domesticação do auroque deu origem a raças modernas de gado, como o zebu.
- Chifres de auroque eram usados como símbolos de status e eram frequentemente esculpidos ou gravados.
- A caça ao auroque era uma atividade nobre na Idade Média, reservada para a realeza.
- Representações artísticas do auroque podem ser encontradas em todo o mundo antigo, testemunhando sua importância cultural.

Na figura ao lado, auroques, cavalos e veados pintados no complexo de cavernas Lascaux, no sudoeste da França

FAMÍLIA CAMELIDAE

CAMELOPS
O FASCINANTE CAMELÍDEO DAS AMÉRICAS ANTIGAS

O gênero extinto camelops refere-se a uma categoria de camelos que habitaram a América do Norte e Central, desde o Alasca até Honduras, durante o Plioceno Médio até o final do Pleistoceno. Apesar da associação popular de camelos com as regiões desérticas da Ásia e África, os Camelidae, que incluem camelos e lhamas, tiveram sua origem na América do Norte. O camelops pertence à tribo Camelini e é mais relacionado aos camelos do Velho Mundo do que aos camelídeos do Novo Mundo.

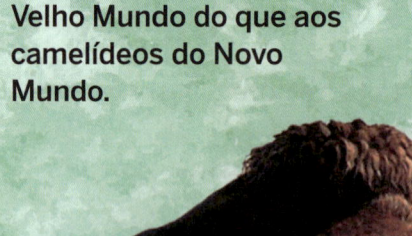

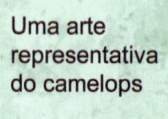

MUSEU LA BREA TAR PITS

Uma arte representativa do camelops

HABITAT E DISTRIBUIÇÃO GEOGRÁFICA

O camelops habitou vastas áreas, desde o Alasca até Honduras, durante diferentes períodos climáticos. Durante os períodos quentes do Pleistoceno, uma forma menor de camelops viveu no Alasca e no norte do Yukon. Fósseis também foram encontrados em várias regiões dos Estados Unidos, como Colorado e Califórnia.

ANATOMIA E CARACTERÍSTICAS FÍSICAS

O camelops possuía características únicas, como pernas cerca de 20% mais longas que as de camelos modernos. Eles podiam atingir cerca de 2,3 metros de altura no ombro e pesar em torno de 1.000 kg. Embora se acredite que os camelos modernos tenham evoluído de camelos de duas corcovas, ainda não se sabe ao certo se o camelops tinha uma ou duas corcovas.

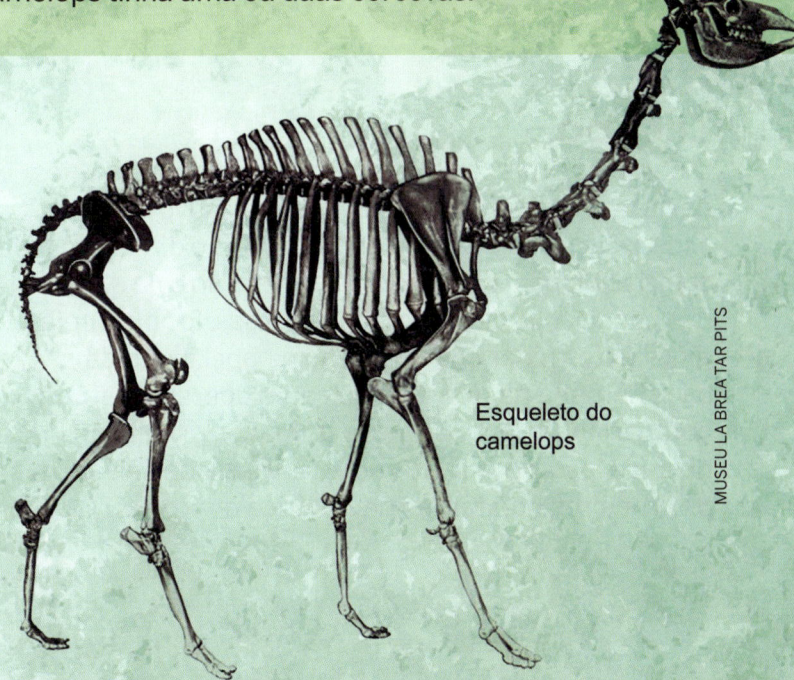

Esqueleto do camelops

MUSEU LA BREA TAR PITS

FAMÍLIA CAMELIDAE

COMPORTAMENTO E DIETA

O camelops provavelmente tinha uma dieta variada, incluindo plantas de diferentes espécies, como arbustos costeiros do sul da Califórnia. Sua capacidade de viajar longas distâncias sugere semelhanças com os camelos modernos nesse aspecto. A capacidade de sobreviver por longos períodos sem água, como os camelos modernos, permanece incerta.

EXTINÇÃO

O camelops tornou-se extinto por volta de 11.000 anos atrás, no final do Pleistoceno. Sua extinção faz parte de um evento maior de extinção na América do Norte, que também resultou na morte de outros megafaunas, como cavalos nativos e mastodontes. As possíveis causas incluem mudanças climáticas globais e pressão de caça por parte dos seres humanos, especialmente da cultura Clovis, que utilizava ferramentas de pedra para caçar camelos.

LEGADO

O desaparecimento do camelops e de outras espécies de megafauna teve um impacto significativo nos ecossistemas da América do Norte. Sua extinção pode ter contribuído para mudanças na vegetação e na dinâmica das populações de predadores e presas. Embora seja difícil determinar com precisão o papel exato da caça humana na extinção do camelops, sua história compartilhada com os seres humanos primitivos destaca a complexa interação entre a vida selvagem e os primeiros habitantes da América do Norte.

Esqueleto do camelops em exibição no Museu La Brea Tar Pits, EUA

CURIOSIDADE

- Embora o camelops fosse nativo das Américas, ele estava mais relacionado aos camelos do Velho Mundo do que aos camelídeos do Novo Mundo. Sua existência ao longo de diferentes climas e regiões demonstra sua capacidade de adaptação.

FAMÍLIA HOMINIDAE

MACACO GIGANTE

O PRIMATA CHINÊS

Gigantopithecus (macaco gigante, em grego) era um gênero extinto de macaco que viveu aproximadamente de 2 milhões a 350.000 anos atrás, durante o Pleistoceno inicial a médio, na China meridional. Era representado por uma única espécie, o Gigantopithecus blacki. Restos desse macaco foram encontrados em vários locais na China, Tailândia, Vietnã e Indonésia. Originalmente considerado como um hominídeo[1], pensa-se agora que esteja mais relacionado aos orangotangos.

1. Membro da linhagem humana.

CONCAVENATOR / CREATIVE COMMONS

Representação artística de um Gigantopithecus, com postura de gorila e pelagem alaranjada

HABITAT E DISTRIBUIÇÃO GEOGRÁFICA

Gigantopithecus viveu principalmente em florestas subtropicais e tropicais no sul da China. Restos fósseis foram encontrados em 16 localidades nessa região, incluindo o norte da China e a ilha de Hainan, além de possíveis identificações em locais como Tailândia, Vietnã e Indonésia.

ANATOMIA E CARACTERÍSTICAS FÍSICAS

As estimativas de tamanho total são altamente especulativas porque apenas os elementos do dente e da mandíbula são conhecidos. Sabe-se que essa espécie tinha dentes extremamente grandes e molares robustos, sendo os maiores de todos os primatas conhecidos. A espessura do esmalte dos dentes era notavelmente densa (até 6 mm em algumas áreas) e sua forma sugere que eles eram adaptados para mastigar alimentos fibrosos, como plantas duras e tuberosas.

CONCAVENATOR / CREATIVE COMMONS

Homo sapiens — Gigantopithecus blacki

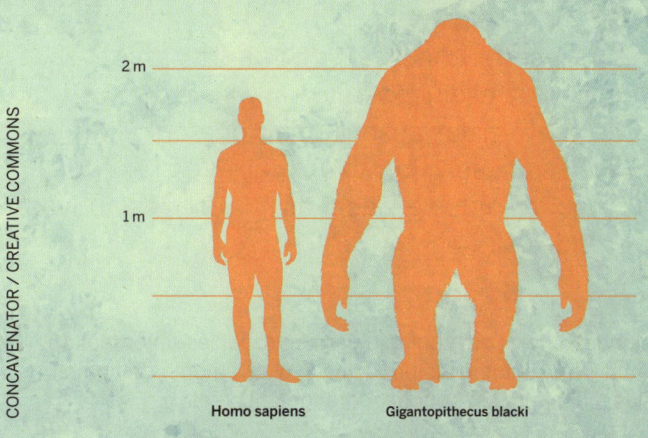

Diagrama mostrando uma tentativa de comparação de um gigantopithecus com um humano de 180 cm de altura.

FAMÍLIA HOMINIDAE

COMPORTAMENTO E DIETA
Gigantopithecus era provavelmente um herbívoro generalista que se alimentava de plantas da floresta, incluindo frutas, folhas, caules e raízes. Seus dentes indicam uma dieta que envolvia esmagar, moer e triturar alimentos fibrosos e duros. Traços de frutas da família das figueiras foram encontrados nos dentes, sugerindo que essas frutas eram um componente importante de sua dieta.

EXTINÇÃO
Acredita-se que gigantopithecus tenha entrado em extinção cerca de 300.000 anos atrás, possivelmente devido a mudanças climáticas que levaram ao declínio de seu habitat preferido. A presença de Homo erectus na região também pode ter contribuído para a competição por recursos e levado à extinção da espécie.

LEGADO
O legado de gigantopithecus é importante para a compreensão da evolução dos primatas e das adaptações anatômicas associadas a diferentes dietas. Sua classificação como um parente próximo dos orangotangos ajuda a traçar as relações evolutivas entre os grandes símios[1].

---

1. É a designação geral em zoologia para as espécies da ordem dos primatas atuais e extintos mais próximos evolutivamente do homem, como gorilas, chimpanzés, bonobos, orangotangos etc.

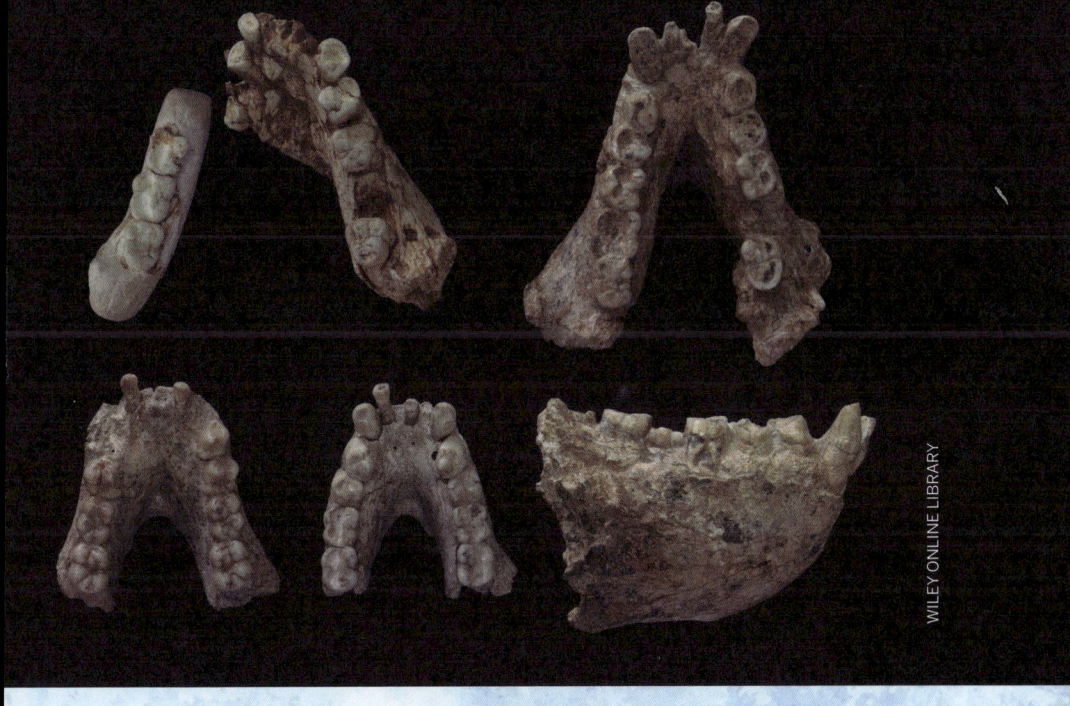

Fósseis de mandíbulas parciais de Gigantopithecus

CURIOSIDADE
- Gigantopithecus ganhou popularidade em círculos de criptozoologia[1], sendo associado ao lendário yeti tibetano e ao pé-grande americano. No entanto, as evidências científicas não sustentam essa conexão, e a maioria dos cientistas rejeita a ideia de que esses monstros criptidos são de fato descendentes de Gigantopithecus.

---

1. Estudo de espécies animais hipotéticas. Inclui também o estudo de ocorrências de animais presumivelmente extintos.

FAMÍLIA VARANIDAE

MEGALANIA
O LAGARTO GIGANTE

Megalania (Varanus priscus) é uma espécie extinta de lagarto-monitor[1] gigante que viveu na Austrália durante o Pleistoceno. Era o maior lagarto terrestre conhecido, com estimativas de tamanho variando entre 3,5 a 7 metros de comprimento e peso de 97 a 1.940 kg. Artigo mais recente publicado na Oxford Academic propõe uma relação irmã-táxon com o grande dragão de Komodo (Varanus komodoensis) com base em semelhanças neurocranianas.

---

1. Designação comum a diversos grandes lagartos predadores, da família dos Varanídeos, de tronco relativamente curto, pescoço e cauda compridos, sentidos de visão e olfato bastante apurados, dotados de cinco dedos com garras e língua profundamente bífida e protráctil, geralmente excelentes trepadores e nadadores.

HABITAT E DISTRIBUIÇÃO GEOGRÁFICA

O megalania habitava a Austrália, das florestas tropicais do norte aos desertos do sul durante o Pleistoceno, com fósseis datando de cerca de 50.000 anos atrás. Seu habitat era variado, abrangendo diferentes paisagens e ecossistemas australianos.

ANATOMIA E CARACTERÍSTICAS FÍSICAS

O megalania possuía uma estrutura corporal semelhante à do dragão-de-komodo (Varanus komodoensis), sendo o maior lagarto terrestre conhecido (de 3,5 a 7 metros de comprimento). Tinha membros e corpo robustos, crânio grande com uma pequena crista entre os olhos e dentes serrilhados em forma de lâmina. Juntamente com outros lagartos varanídeos, a megalania pertence ao clado[1] proposto toxicofera, que contém todos os répteis conhecidos que possuem glândulas orais secretoras de toxinas, bem como seus parentes venenosos e não venenosos próximos, incluindo a iguania, a anguimorpha e as cobras.

---

1. Clado é um grupo de espécies com um ancestral comum exclusivo e todos os descendentes (viventes e extintos) desse ancestral.

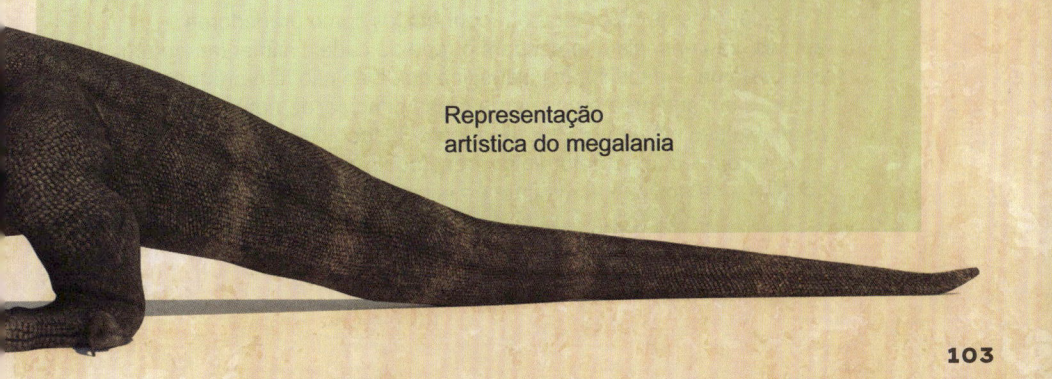

Representação artística do megalania

FAMÍLIA VARANIDAE

COMPORTAMENTO E DIETA

Devido ao seu tamanho, o megalania provavelmente se alimentava principalmente de animais de médio a grande porte, incluindo marsupiais gigantes — como o diprotodon —, outros répteis, pequenos mamíferos, aves e seus ovos e filhotes. Sua ecologia era semelhante à do dragão-de-komodo, provavelmente sendo um predador de emboscada.

EXTINÇÃO

A espécie entrou em extinção durante o final do Pleistoceno, possivelmente influenciada pelo impacto dos primeiros colonizadores aborígenes na Austrália. A competição com humanos e a pressão de caça podem ter contribuído para sua extinção, juntamente com outras espécies de megafauna australiana.

LEGADO

Os restos de megalania foram encontrados em muitas pinturas rupestres e histórias aborígenes.
Esse animal desempenhou um papel significativo na ecologia australiana durante o Pleistoceno, como um predador de topo[1]. Sua extinção teve impactos no ecossistema local e influenciou a fauna da Austrália.

---

1. Predadores de topo, também conhecidos como predadores apicais, são animais que ocupam o topo da cadeia alimentar em um ecossistema específico. Isso significa que eles não têm predadores naturais em sua área e não são a presa principal de nenhum outro animal nesse ambiente. Os predadores de topo geralmente não têm muitos competidores naturais por recursos alimentares, o que lhes confere uma posição dominante no ecossistema.

Esqueleto do Varanus priscus, no Museu de Melbourne, Austrália

CURIOSIDADES
- A relação do megalania com o dragão-de-komodo, seu parente vivo mais próximo, sugere semelhanças em termos de ecologia e comportamento.
- Há evidências de que o megalania possuía um sistema venenoso semelhante ao de seus parentes varanídeos.
- Os encontros entre megalania e os primeiros aborígenes australianos podem ter inspirado lendas de criaturas temíveis na cultura local.

FAMÍLIA GIRAFFIDAE

SIVATÉRIO
UM TIPO DE GIRAFA PRÉ-HISTÓRICA

Sivatério (Sivatherium), conhecido também como "a besta de Shiva") é um gênero extinto de girafídeos que habitou áreas desde a África até o subcontinente indiano. Sua espécie mais conhecida, o Sivatherium giganteum, era um dos maiores girafídeos e ruminantes de todos os tempos. O sivatherium viveu durante o final do Mioceno e existiu até o início do Pleistoceno.

RICHARD LYDEKKER / CREATIVE COMMONS

Representação artística do Sivatherium

HABITAT E DISTRIBUIÇÃO GEOGRÁFICA

O sivatherium surgiu no final do Mioceno, há cerca de 7 milhões de anos, na África, em planícies aluviais, bosques e pastagens de savana, e existiu até o início do Pleistoceno (Calabriano). Seus restos fósseis foram encontrados nas regiões dos Himalaias, datando de aproximadamente 1 milhão de anos atrás.

ANATOMIA E CARACTERÍSTICAS FÍSICAS

Esse animal tinha semelhança com o ocapi[1] moderno, porém maior e mais robusto, com altura de ombro de cerca de 2,2 metros e altura total de até 3 metros. Seu peso variava entre 400 a 500 kg, mas estimativas mais recentes sugerem um peso de até 1.360 kg. O animal possuía um par de ossicones largos e semelhantes a chifres em sua cabeça, bem como um segundo par acima dos olhos. Suas poderosas patas dianteiras suportavam os músculos do pescoço necessários para sustentar o crânio pesado. Inicialmente, o sivatherium foi erroneamente identificado como uma ligação arcaica entre os ruminantes modernos e os "paquidermes" (elefantes, rinocerontes, cavalos e tapires) agora obsoletos, devido à sua morfologia robusta e diferente de qualquer outra coisa conhecida na época.

---

1. Ocapi é um mamífero parecido com a girafa, nativo do nordeste da República Democrática do Congo, na África Central.

FAMÍLIA GIRAFFIDAE

COMPORTAMENTO E DIETA

Análises dos desgastes dentários do Sivatherium indicam que essa espécie era classificada como um alimentador misto, capaz tanto de pastar como consumir folhagem. Suas características dentárias mostram semelhanças com as girafas, mas com uma hipsoodontia[1] mais pronunciada, o que indica uma adaptação a diferentes tipos de alimentação.

---

1. Refere-se a mamíferos que têm dentes molares com grande desenvolvimento da coroa, como o cavalo e o rato. Esta característica é uma aquisição evolutiva que permite a estes animais fundamentalmente herbívoros maior capacidade de desfazer fibras duras dos vegetais.

EXTINÇÃO

Embora existam sugestões de que o Sivatherium possa ter sobrevivido até cerca de 8.000 anos atrás, essas alegações não são apoiadas por evidências fósseis sólidas. A falta de provas concretas torna difícil determinar exatamente quando e por que o Sivatherium se extinguiu.

LEGADO

O Sivatherium já foi uma figura proeminente nas discussões sobre criaturas pré-históricas, frequentemente retratado como um mamífero casco rivalizando em tamanho com um elefante. No entanto, à medida que o fascínio pelos dinossauros cresceu, a proeminência do Sivatherium e de outros animais pré-históricos diminuiu, tornando o discurso acessível principalmente aos aficionados por fósseis.

CURIOSIDADES

- A longa língua do sivatherium provavelmente lhe permitia alcançar folhagem alta nas árvores, semelhante ao comportamento alimentar das girafas modernas. No entanto, sua anatomia sugere que sua maneira de se alimentar pode ter diferido significativamente das girafas atuais.
- Os ossicones do sivatherium eram notáveis e podem ter desempenhado um papel em sua comunicação social e estratégias de acasalamento. Eles provavelmente tinham um papel semelhante aos chifres ou ossos cranianos de outros animais que são usados para competir por parceiros ou para defender territórios.

Outra representação do Sivatherium, no Museu da Evolução do Instituto de Paleobiologia da Academia Polonesa de Ciências

RICHARD LYDEKKER / CREATIVE COMMONS

FAMÍLIA ACCIPITRIDAE

ÁGUIA-DE-HAAST

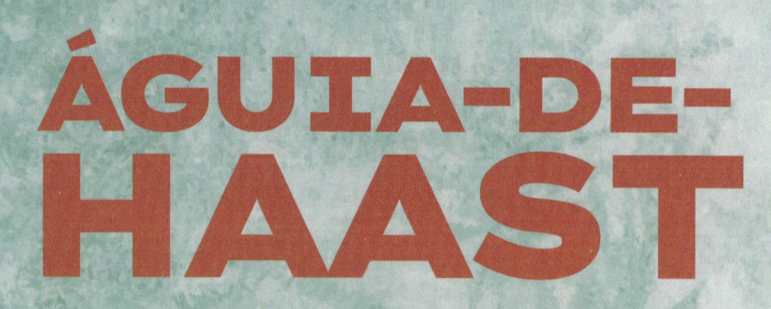

A MAIOR ÁGUIA QUE JÁ EXISTIU

A Águia-de-Haast (Haast's eagle) é uma espécie extinta de águia que habitava a Ilha Sul da Nova Zelândia que viveu durante a era do Pleistoceno até cerca de 11.700 anos. Ela é amplamente aceita como sendo o "pouakai[1]" da lenda Maori. Essa impressionante ave de rapina era a maior águia conhecida que já existiu.

1. Um monstruoso pássaro na mitologia Maori (povo indígena da Nova Zelândia).

HABITAT E DISTRIBUIÇÃO GEOGRÁFICA

A águia-de-haast habitava a Ilha Sul da Nova Zelândia e sua distribuição era limitada a essa região. Ela evoluiu em um ambiente que carecia de mamíferos terrestres de grande porte, ocupando um nicho ecológico semelhante ao dos predadores mamíferos de topo, como ursos, felinos grandes ou lobos.

ANATOMIA E CARACTERÍSTICAS FÍSICAS

A águia-de-haast era uma das maiores aves de rapina verdadeiras conhecidas. As fêmeas eram consideravelmente maiores do que os machos, com estimativas de peso entre 10 e 15 kg para fêmeas e 9 a 12 kg para machos. Sua envergadura alcançava até 3 metros em alguns casos, e suas garras eram tão grandes quanto as da águia harpia. As pernas fortes e os músculos de voo maciços dessas águias lhe permitiam decolar do chão com um salto, apesar de seu grande peso.

Crânio da águia de haast, no Museu de Canterbury, em Nova Zelândia

Na imagem ao lado, uma águia de haast atacando moas (aves não voadoras endêmicas da Nova Zelândia). Arte de John Megahan

FAMÍLIA ACCIPITRIDAE

COMPORTAMENTO E DIETA
A principal presa da águia-de-haast era a moa, uma ave não voadora que pesava até quinze vezes mais do que o seu peso. Sua estrutura corporal e tamanho indicam que suas táticas de caça eram mais semelhantes às de abutres, mergulhando no corpo da presa para devorar os órgãos vitais após a captura.

EXTINÇÃO
A extinção da águia-de-haast ocorreu em torno de 1400, principalmente devido à atividade dos primeiros colonizadores humanos na Nova Zelândia, os Maori, que caçaram pesadamente as aves moa e outras presas, reduzindo drasticamente a disponibilidade de alimentos para essa águia. Ao contrário dos humanos, as águias provavelmente eram altamente dependentes de pássaros de médio e grande porte que não voavam, de modo que a perda desse tipo de presa causou a extinção da águia de haast quase ao mesmo tempo.

LEGADO
A águia-de-haast deixou uma marca na cultura Maori, sendo muitas vezes mencionada em lendas e histórias como o "pouakai". Há interpretações diferentes sobre as implicações das lendas em relação ao tamanho e ao comportamento da águia. Sua extinção ilustra como a interação humana com o meio ambiente pode ter impactos significativos em espécies ecológicas, moldando a paisagem ecológica e cultural de uma região.

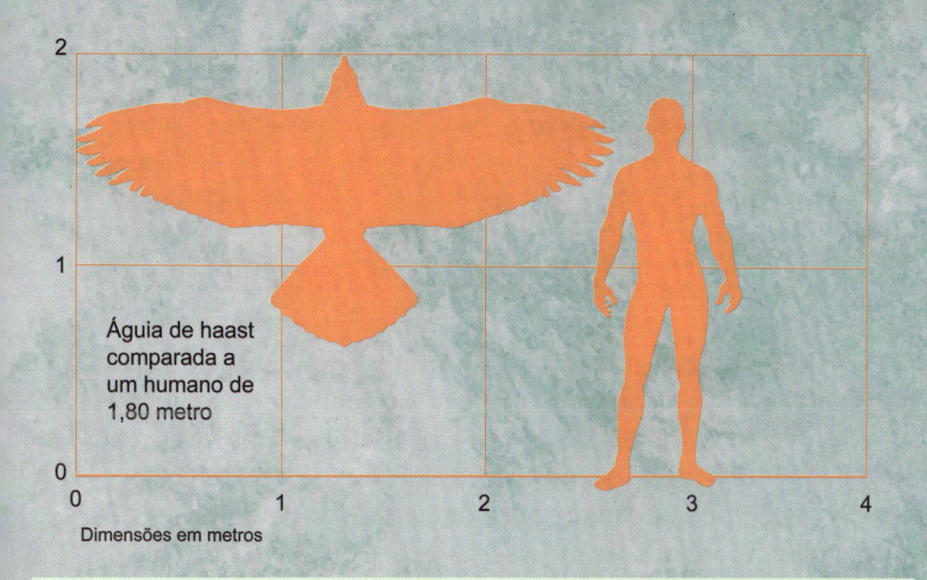

Águia de haast comparada a um humano de 1,80 metro

Dimensões em metros

CURIOSIDADES

- Para homenagear essa majestosa ave, uma escultura em aço inoxidável (foto abaixo) foi criada e está em exibição na Nova Zelândia. Ela representa a águia com asas estendidas e oferece uma visão visual impressionante da magnitude dessa espécie.
- A relativa falta de envergadura é uma indicação clara de que a águia de haast foi adaptada para voar entre árvores e outros locais onde não havia muito espaço para abrir as asas.

FAMÍLIA PHORUSRHACIDAE

TITANIS
A AVE DO TERROR

O titanis walleri, também conhecido como "ave do terror", ou "ave carnívora" foi uma das maiores aves predatórias não voadoras que habitaram as Américas durante o Cenozoico, especificamente durante os períodos Plioceno e Pleistoceno.

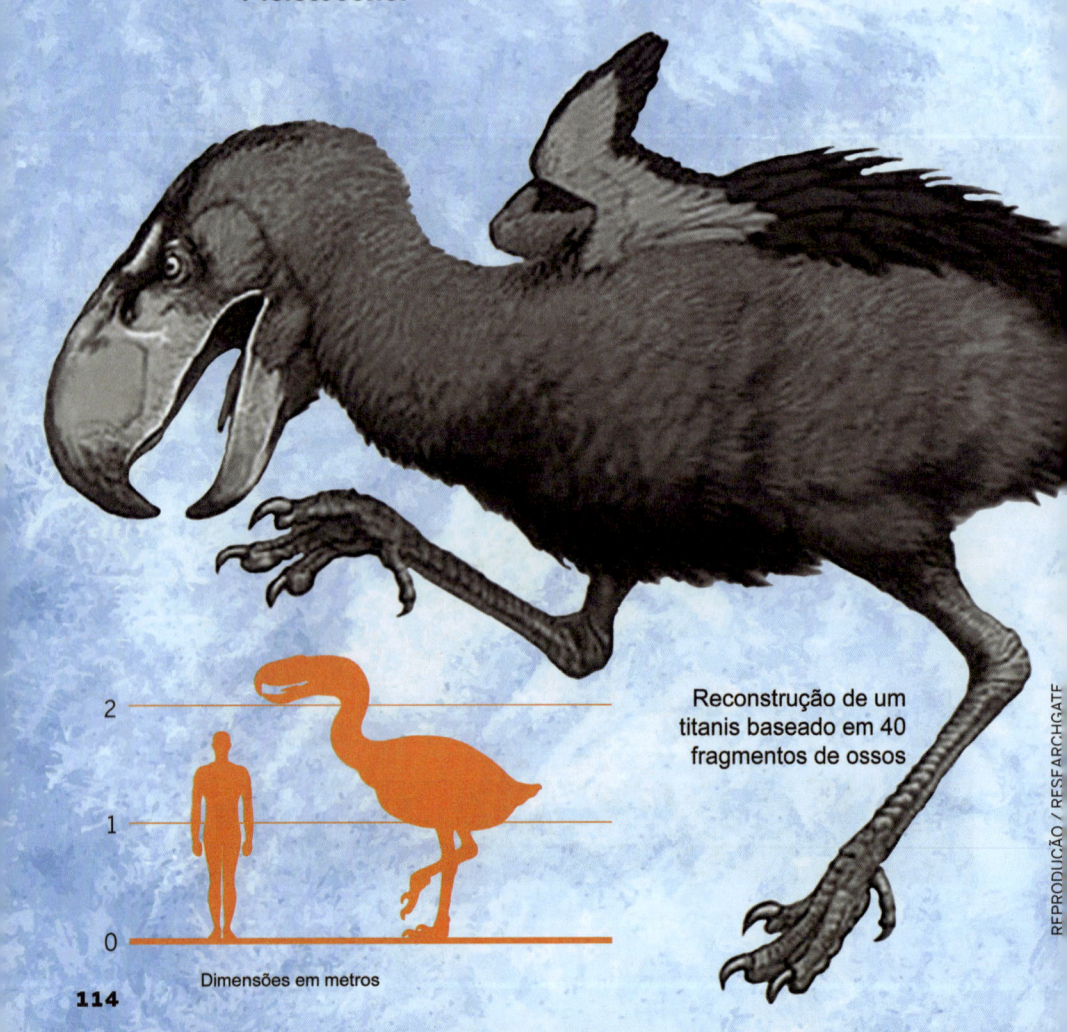

Reconstrução de um titanis baseado em 40 fragmentos de ossos

Dimensões em metros

HABITAT E DISTRIBUIÇÃO GEOGRÁFICA

O titanis habitava principalmente habitats de campo aberto, como campos de gramíneas, nas partes do sul dos Estados Unidos, incluindo regiões do Texas até a Flórida. Sua presença é registrada nas formações rochosas dos rios Santa Fé e Nueces, localizados na Flórida e no Texas, respectivamente. Ele se fixou em habitats mais quentes e provavelmente mais úmidos, embora os ambientes exatos em que viveu não sejam muito bem estudados em termos de flora geral. A fauna, no entanto, é bem conhecida. Titanis viveu ao lado de uma grande variedade de outros animais — em Citrus County[1], foi encontrado com uma variedade de sapos, tartarugas, lagartos, coelhos, cavalos, musaranhos, ursos, cães, mustelídeos e gatos (incluindo smilodon), tatus, preguiças, o mastodonte, vacas, queixadas, camelos e veados.

---

1. Condado localizado na costa centro-oeste do estado norte-americano da Flórida.

ANATOMIA E CARACTERÍSTICAS FÍSICAS

O titanis atingia cerca de 2,5 metros de altura e pesava cerca de 150 kg. Sua anatomia incluía um pescoço grosso que sustentava uma cabeça grande com um bico impressionante e terrivelmente curvado, projetado para triturar as presas. Seu corpo redondo e cauda curta eram suportados por patas longas e poderosas, com dedos robustos, incluindo um dedo central excepcionalmente forte. Tinha asas muito pequenas, que ficavam muito presas contra o corpo — elas não tinham muito poder de dobra em comparação com outras aves.

FAMÍLIA PHORUSRHACIDAE

COMPORTAMENTO E DIETA

Os titanis eram os mais próximos das seriemas[1] atuais, então muito de seu comportamento foi presumido com base nesses animais. O titanis era um predador que se alimentava principalmente de mamíferos de grande porte, mas também consumia mamíferos de tamanho médio e pequeno. Ele provavelmente caçava suas presas chutando-as com suas pernas fortes e, em seguida, finalizava o ataque usando seu bico poderoso e curvado para dilacerar e triturar a carne.

___

1. As seriemas são aves territoriais grandes, de pernas e pescoços longos, que variam de 70 a 90 cm.

EXTINÇÃO

A extinção do titanis provavelmente ocorreu durante a Era do Gelo, com o Pleistoceno sendo um período de mudanças climáticas extremas e avanços glaciais. Embora algumas evidências sugiram que existiam fósseis desse animal há cerca de 15.000 anos, indicando a possibilidade de sua coexistência com os seres humanos, acredita-se que ele tenha declinado antes disso.

LEGADO

O titanis é notável por ser uma das maiores aves predatórias pré-históricas conhecidas e por ser um exemplo de uma ave do terror que habitou a América do Norte, contribuindo para nosso entendimento da fauna daquela época.

Esqueleto do titanis walleri no Museu de História Natural da Flórida, EUA

CURIOSIDADES
- As representações antigas do titanis frequentemente erroneamente o retratavam com mãos com garras, o que não é preciso.
- O animal desafia a ideia tradicional de que as aves do terror foram extintas devido à competição com felinos dentes de sabre, já que sobreviveu após o Intercâmbio Americano e não foi completamente substituído por felinos.

FAMÍLIA CASTORIDAE

CASTOR GIGANTE

O ROEDOR CONSTRUTOR DE COMPLEXAS BARRAGENS

O castor gigante (Castoroides ohioensis) foi uma espécie de castor pré-histórico que habitou a América do Norte durante o período Pleistoceno. Esses incríveis roedores gigantes desempenharam um papel importante nos ecossistemas antigos, moldando o ambiente ao seu redor.

CHARLES R. KNIGHT / CREATIVE COMMONS

HABITAT E DISTRIBUIÇÃO GEOGRÁFICA

O castor gigante habitava principalmente as regiões da América do Norte, incluindo o que é agora o Canadá e partes dos Estados Unidos. Seu habitat estava associado a sistemas fluviais, lagos e pântanos, onde construíam complexas barragens e tocas para se abrigarem e garantir sua sobrevivência. Sua distribuição geográfica sugere uma preferência por áreas úmidas e florestadas. Durante a última era glacial, os castores gigantes ficaram restritos principalmente ao centro e ao leste dos Estados Unidos, sendo mais abundantes ao sul dos Grandes Lagos em Illinois e Indiana.

ANATOMIA E CARACTERÍSTICAS FÍSICAS

O castor gigante era notável por seu tamanho impressionante em comparação com os castores modernos. Eles podiam atingir cerca de 2,5 metros de comprimento e pesar de 90 até 125 kg. Sua estrutura física incluía dentes incisivos afiados e fortes, ideais para cortar madeira e construir suas elaboradas barragens. Seu pelo denso e impermeável os ajudava a se manter aquecidos e secos em seu ambiente aquático.

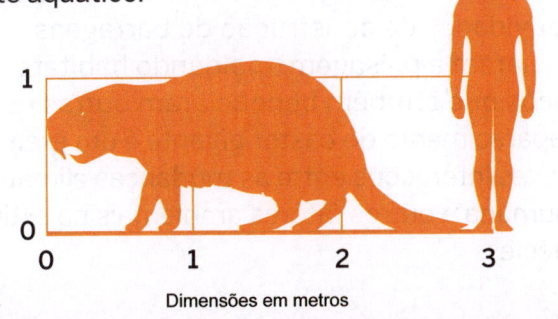

Dimensões em metros

FAMÍLIA CASTORIDAE

COMPORTAMENTO E DIETA
Assim como os castores contemporâneos, o castor gigante era conhecido por sua habilidade em construir barragens complexas. Essas barragens não apenas criavam habitats aquáticos seguros, mas também modificavam o ambiente ao inundar áreas adjacentes, influenciando a vegetação e a vida selvagem circundantes. Quanto à sua dieta, eles eram herbívoros, alimentando-se principalmente de plantas aquáticas e vegetação das margens dos rios e lagos.

EXTINÇÃO
A extinção do castor gigante ocorreu durante o final da era do gelo-, cerca de 10.000 anos atrás, em um período marcado por mudanças climáticas significativas e a extinção em massa de muitas megafaunas. A pressão da caça humana, combinada com as alterações ambientais, pode ter contribuído para o declínio e a eventual extinção dessa espécie.

LEGADO
O castor gigante deixou um legado importante nos ecossistemas antigos da América do Norte. Suas atividades de construção de barragens influenciaram a paisagem, moldando habitats aquáticos que também beneficiaram outras espécies. O desaparecimento do castor gigante é um exemplo das complexas interações entre as mudanças climáticas, a caça humana e outros fatores ambientais na extinção de espécies.

Esqueleto de castor gigante em exibição no Museu Field de História Natural em Chicago, Illinois

CURIOSIDADES
- Os dentes do castor gigante eram especialmente valiosos para os povos indígenas da América do Norte, que os usavam como ferramentas e adornos.
- Suas barragens eram tão eficazes que alguns cientistas acreditam que elas poderiam ter desempenhado um papel na mitigação de inundações.
- Os fósseis de castor gigante foram descobertos pela primeira vez em 1837 em uma turfeira[1] em Ohio — daí o epíteto da espécie ohioensis.

---

1. Turfeira é um tipo de solo, feito de turfa (material de origem vegetal, parcialmente decomposto). Fósseis são relativamente comuns em turfeiras.

FAMÍLIA CERVIDAE

ALCE IRLANDÊS

O CERVÍDEO DE CHIFRES ENORMES

O alce irlandês (Megaloceros giganteus) é uma espécie extinta de cervídeo pertencente ao gênero Megaloceros. Foi um dos maiores cervídeos que já existiu. Sua presença se estendeu pela Eurásia durante o Pleistoceno, desde a Irlanda até o Lago Baikal, na Sibéria. Esse majestoso animal é caracterizado pelas impressionantes dimensões de seus chifres, cujos restos fósseis têm sido encontrados em abundância em turfeiras na Irlanda. Apesar do nome "alce irlandês", essa espécie não está intimamente relacionada com os alces vivos, como o alce europeu ou o alce norte-americano.

HABITAT E DISTRIBUIÇÃO GEOGRÁFICA

O alce irlandês não era exclusivo da Irlanda, apesar do nome. Seus restos fósseis foram encontrados em sedimentos lacustres [1] e turfeiras na Irlanda — daí o nome. No entanto, sua presença se estendia do oeste do Oceano Atlântico até o leste do Lago Baikal, no sul da Sibéria, Rússia. Essa espécie preferia ambientes de estepes boreais com florestas de pinheiros e zimbros dispersos, além de ervas e arbustos de baixa altura.

---
1. Diz-se dos terrenos depositados no fundo de água doce.

ANATOMIA E CARACTERÍSTICAS FÍSICAS

O alce irlandês era uma criatura imponente, com cerca de 2,1 metros de altura nos ombros. Ele possuía as maiores chifres de qualquer cervídeo conhecido, com até 3,65 metros de ponta a ponta e pesando acima de 40 kg. Seu tamanho corporal era impressionante, variando de 450 a 700 kg, tornando-o um dos cervídeos mais pesados já conhecidos. A aparência geral era de coloração clara, com uma faixa escura ao longo das costas e outras marcações distintas.

Reconstrução do alce irlandês, no Museu Nacional de Pré-história, na cidade de Les Eyzies-de-Tayac-Sireuil, no coração do vale do Vézère, perto da caverna de Lascaux, Dordonha

Ao lado, representação artística de 1897 do alce irlandês, por Joseph Smit

FAMÍLIA CERVIDAE

COMPORTAMENTO E DIETA

Sugere-se que o alce irlandês fosse um animal adaptado para a corrida, em razão de sua semelhança física com o antílope saiga e outras espécies cursoriais [1]. Suas características anatômicas, como pernas relativamente curtas e robustas, indicam uma adaptação para alta velocidade. Quanto à dieta, eles eram considerados comedores mistos, capazes tanto de pastar como de consumir arbustos. Restos fósseis e análises de isótopos sugerem uma dieta baseada em gramíneas e plantas forrageiras.

---
1. São animais corredores que apresentam membros delgados e porções estreitas e alongadas.

Esqueleto montado do alce irlandês

CREATIVE COMMONS

LEGADO

O legado do alce irlandês permanece através de seus fósseis e nas representações artísticas de civilizações antigas. Os fósseis do animal podem ser encontrados em todo o mundo, e eles são frequentemente usados em museus e exposições para educar o público sobre a história natural. É também tema de muitas obras de arte e literatura, e ele continua a ser um símbolo de força e beleza para muitas pessoas.

EXTINÇÃO

A extinção do alce irlandês há 7.000 anos tem sido atribuída a várias causas, incluindo o tamanho excessivo dos chifres, que embora tivessem sido úteis para afastar predadores, consistiam em uma má adaptação que poderia dificultar a fuga através das florestas quando perseguido por caçadores humanos. Além disso, mudanças climáticas e restrições de recursos alimentares também foram consideradas fatores contribuintes.

CURIOSIDADES

- O alce irlandês possuía um tamanho corporal imponente e foi adaptado para corrida, semelhante a antílopes.
- Os alces irlandeses viviam em grupos, que podiam ser compostos de até 100 indivíduos.
- Os machos usavam seus chifres para lutar uns contra os outros durante a temporada de acasalamento.
- Representações artísticas do alce irlandês foram encontradas em pinturas rupestres do Paleolítico Superior.

FAMÍLIA MACROPODIDAE

PROCOPTODON GOLIAH

O CANGURU GIGANTE DE FACE CURTA

O procoptodon foi um gênero extinto de cangurus gigantes de face curta (sthenurinos) que viveu na Austrália durante o Pleistoceno. Este gênero incluiu diversas espécies, sendo o procoptodon goliah o maior canguru conhecido, atingindo cerca de 2 metros de altura e pesando entre 200 a 240 kg.

Representação artística do procoptodon goliah

PALEOALBERCA / CREATIVE COMMONS

HABITAT E DISTRIBUIÇÃO GEOGRÁFICA

Os procoptodons eram predominantemente encontrados em áreas semiáridas do sul da Austrália e da Nova Gales do Sul. Apesar desses ambientes serem caracterizados por dunas de areia vastas e sem árvores, algumas regiões, como os arredores do Lago Menindee, possuíam um clima mais úmido e fresco na época em que o procoptodon existia. Fósseis de pegadas também foram encontrados na Ilha dos Cangurus, na Austrália.

ANATOMIA E CARACTERÍSTICAS FÍSICAS

O procoptodon goliah possuía uma estrutura robusta e era o mais extremo dos cangurus de focinho curto. Suas características distintivas incluíam um crânio 'braquicefálico'[1] profundo e curto com olhos voltados para a frente, um traço incomum para cangurus. Esse animal, o maior deles, tinha até 2,7 metros de altura e pesava até 240 kg. Eles tinham patas dianteiras incomuns, com dois dedos extra longos e garras grandes para agarrar galhos e trazer folhas para comer. As patas traseiras eram monodáctilos, com um único dedo grande que possuía uma garra semelhante a um casco para possíveis adaptações de velocidade.

---
1. Apresenta uma cabeça de formato "achatado" e o focinho de tamanho "encurtado".

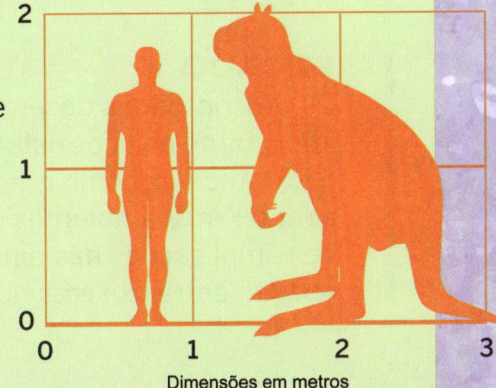

Dimensões em metros

FAMÍLIA MACROPODIDAE

COMPORTAMENTO E DIETA
É provável que o procoptodon goliah fosse um navegador, usando seus dentes especializados e membros anteriores alongados para agarrar e trazer galhos para alimentação. Seu membro traseiro poderoso provavelmente proporcionava um movimento semelhante a uma mola.

EXTINÇÃO
O gênero procoptodon existiu até cerca de 45.000 anos atrás, embora algumas evidências indiquem que ele possa ter sobrevivido até cerca de 18.000 anos atrás. A extinção pode ter sido causada por mudanças climáticas durante o Pleistoceno ou pela caça humana. A hipótese de extinção mediada pelo ser humano sugere que a chegada dos humanos na Austrália continental ocorreu ao mesmo tempo que o desaparecimento dessa espécie. No entanto, não foram encontradas evidências de predadores humanos nos registros fósseis.

LEGADO
Os procoptodons desempenharam um papel importante no ecossistema australiano durante o Pleistoceno, como grandes herbívoros que se adaptaram a ambientes semiáridos. Sua extinção teve implicações nas dinâmicas do ecossistema e na relação entre os seres humanos e a fauna local.

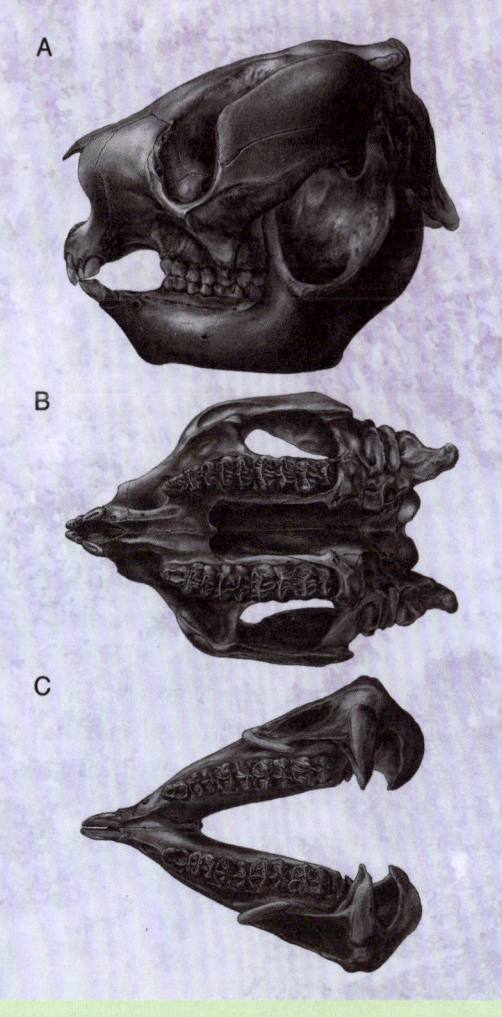

Crânio do Procoptodon goliah: vista lateral (A), vista palatina (B) e dentário em vista oclusal (C)

REPRODUÇÃO / THURE E CERLING / PNAS.ORG

CURIOSIDADES
- Acredita-se que o procoptodon goliah, devido a seu tamanho, não podia pular como os cangurus modernos e talvez se movesse em duas patas.
- Procoptodon era provavelmente um animal solitário.
- A presença desses cangurus gigantes afetou o ecossistema e a interação entre a megafauna australiana e os seres humanos primitivos.

FAMÍLIA TOXODONTIDAE

TOXODON PLATENSIS

O MAMÍFERO DE DENTES CURVADOS

Toxodon é o nome científico de um tipo de mamífero extinto da América do Sul. A espécie mais conhecida é o toxodon platensis. Toxodon significa "dente curvado" (nome dado ao animal por possuir dentes curvados) e platensis refere-se ao distrito La Plata (Buenos Aires), onde seus restos foram descobertos pela primeira vez. O toxodon platensis era um mamífero ungulado (animal de casco) de grande porte, estimando-se que pesasse mais de uma tonelada e tinha um tamanho provavelmente semelhante ao do bisão americano ou do rinoceronte-negro africano.

DOMÍNIO PÚBLICO / ROBERT BRUCE HORSFALL

HABITAT E DISTRIBUIÇÃO GEOGRÁFICA

Toxodon platensis era nativo da América do Sul durante o Pleistoceno tardio (os espécimes mais antigos conhecidos têm cerca de 50.000 anos) e provavelmente se extinguiu no Holoceno inicial (que começou há 11.700 anos). Porém, esse animal tinha uma distribuição geográfica ampla. Seus fósseis foram encontrados em vários países, incluindo Argentina, Uruguai, Brasil e Paraguai. Quanto ao habitat, o toxodon era adaptado a uma variedade de ambientes, desde áreas de savana até florestas tropicais. Essa adaptabilidade permitiu que eles se espalhassem por diferentes regiões da América do Sul.

ANATOMIA E CARACTERÍSTICAS FÍSICAS

O toxodon tinha cerca de 2,7 metros de comprimento corporal, pesava até 1.415 kg e media cerca de 1,5 metro de altura no ombro. Sua aparência se assemelhava à de um rinoceronte pesado, com uma cabeça curta e vagamente semelhante à de um hipopótamo. Possuía membros curtos e robustos, com pés plantígrados[1] com três dedos funcionais e relativamente curtos. Sua coluna vertebral tinha apófises[2] altas para suportar o peso maciço e os músculos, além de uma cabeça poderosa. A característica mais marcante era a curvatura dos dentes.

Crânio de Toxodonte, no Museu Zoológico de Copenhague, Dinamarca

CREATIVE COMMONS

---
1. Que anda sobre as plantas dos pés, como o homem ou o urso.
2. Parte saliente na superfície de um osso.

FAMÍLIA TOXODONTIDAE

COMPORTAMENTO E DIETA

O comportamento do toxodon é menos conhecido em comparação com sua anatomia. Acredita-se que eles fossem animais sociais que viviam em grupos, o que poderia ter contribuído para sua sobrevivência em um ambiente pré-histórico repleto de predadores.
As evidências químicas de espécimes de toxodon da América do Sul sugerem que ele frequentemente tinha uma dieta mista, sobrevivendo comendo folhas, galhos e vegetação acima do solo. Isso contrasta com a suposição anterior de que ele era um simples comedor de grama.

EXTINÇÃO

O Toxodon platensis é conhecido do Pleistoceno Tardio, com os espécimes mais antigos datando de cerca de 50.000 anos atrás, e provavelmente foi extinto no início do Holoceno, que começou há 11.700 anos. Ele coexistiu com humanos na América do Sul durante algum tempo.

LEGADO

O toxodon platensis foi descrito pela primeira vez por Richard Owen, com base no crânio coletado por Charles Darwin no Uruguai em 26 de novembro de 1833. A publicação desse crânio por Owen em 1837 representou a primeira descrição científica de um notoungulado[1], um grupo extinto de mamíferos endêmicos da América do Sul.

---
1. Ordem extinta de mamíferos ungulados (animais de casco).

CREATIVE COMMONS

Esqueleto de um toxodon exposto no Museu de Ciências Naturais Bernardino Rivadavia, em Buenos Aires

CURIOSIDADES
- Os fósseis de toxodon variam em tamanho de um centímetro a um metro. Alguns deles foram difíceis de digitalizar devido a superfícies irregulares com muitos buracos. No entanto, essa dificuldade tornou-os candidatos ideais para testar a tecnologia de digitalização do Museu de História Natural de Londres. Esses espécimes são extremamente delicados e, em alguns casos, estão quebrados em várias peças. A criação de versões 3D desses espécimes importantes permitirá que mais pessoas os acessem com segurança.

FAMÍLIA GLYPTODONTIDAE

GLYPTOTHERIUM
O GIGANTE COM CARAPAÇA

Glyptotherium, um gênero de animais pré-históricos conhecidos como gliptodontes, era parte da família dos Xenarthra, que inclui modernos tatus e preguiças. Essas criaturas notáveis habitaram a América do Norte e do Sul durante o Pleistoceno e se destacaram por suas características físicas únicas, comportamento intrigante e papel fundamental na fauna pleistocênica.

Recriação artística do glyptotherium

SERGIODLAROSA / CREATIVE COMMONS

HABITAT E DISTRIBUIÇÃO GEOGRÁFICA

Glyptotherium habitava uma variedade de ambientes durante o Pleistoceno, desde pradarias até florestas arbóreas e áreas úmidas. Sua distribuição geográfica cobria vastas regiões da América do Norte e do Sul. Fósseis e evidências paleontológicas sugerem que essa espécie se adaptou a diferentes climas e paisagens, desde as planícies do sul dos Estados Unidos até a América Central e do Sul.

ANATOMIA E CARACTERÍSTICAS FÍSICAS

O Glyptotherium era um gliptodonte[1], com um corpo maciço protegido por uma carapaça de osteodermos, que são estruturas ósseas semelhantes a placas que cobriam seu dorso. Sua morfologia defensiva era uma adaptação incrível para enfrentar predadores como felinos-dentes-de-sabre. O corpo geralmente era robusto e encurvado, lembrando uma tartaruga-gigante.

---

1. Gliptodontes são mamíferos extintos que eram parecidos com tatus, mas muito maiores.

COMPORTAMENTO E DIETA

As interpretações sobre o comportamento do glyptotherium incluem discussões sobre sua postura, habilidades de escavação e hábitos alimentares. Sua dieta era principalmente herbívora, composta por gramíneas, plantas aquáticas e até mesmo frutas em alguns casos. Sua estrutura bucal adaptada e dentição hipsofódonta (dentes molares com grande desenvolvimento da coroa) indicavam um foco em moer materiais fibrosos. Além disso, estudos sugerem que o esse animal poderia ser um semiaquático, alimentando-se em áreas próximas a fontes de água.

EXTINÇÃO

Glyptotherium e outros gliptodontes enfrentaram extinção durante o final do Pleistoceno. Mudanças climáticas, pressões ambientais e interações com humanos e outros predadores contribuíram para seu desaparecimento. A extinção da megafauna pleistocênica é um tópico complexo e debatido, e o destino exato do glyptotherium nesse contexto ainda é uma área de pesquisa ativa.

FAMÍLIA GLYPTODONTIDAE

LEGADO

O glyptotherium e outros gliptodontes deixaram um legado importante na compreensão da megafauna do Pleistoceno e da ecologia das Américas antigas. Seus fósseis fornecem informações valiosas sobre a vida e o ambiente desse período, ajudando os cientistas a reconstruir os ecossistemas e as interações entre as espécies.

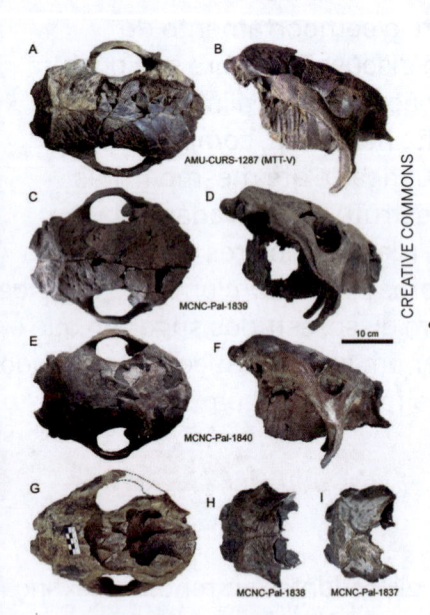

CURIOSIDADES

- A carapaça resistente do glyptotherium provavelmente servia tanto para defesa contra predadores como para lutas intraespecíficas (entre indivíduos de mesma espécie).
- A presença de marcas de mordida em fósseis de glyptotherium indica que eles eram potenciais presas para predadores como os felinos-dentes-de-sabre, mostrando a complexidade das relações entre as espécies no passado.

Crânios de cylindricum

4

O FIM DA ERA DO GELO

O FIM DA ERA DO GELO

COMO A ERA DO GELO CHEGOU AO FIM E COMO AS MUDANÇAS CLIMÁTICAS AFETARAM OS ANIMAIS QUE HABITAVAM A TERRA

O fim da Era do Gelo foi marcado por uma série de mudanças climáticas significativas que tiveram um impacto profundo nos animais que habitavam a Terra na época. Tais alterações de clima resultaram em uma transição gradual para o período atual, conhecido como Holoceno, e influenciaram tanto a distribuição geográfica como a diversidade das espécies.

Uma das principais causas do fim da Era do Gelo foi o aumento das temperaturas globais. À medida que o clima começou a se aquecer, as geleiras começaram a recuar lentamente, abrindo espaço para a expansão das áreas de vegetação. Esse processo de degelo teve um impacto direto nas populações de animais adaptados às condições árticas e glaciais.

Para muitas espécies de animais que dependiam de habitats gelados e frios, o recuo das geleiras representou uma perda significativa de ambiente para se viver. Mamutes, rinocerontes-lanudos, tigres-dentes-de-sabre e outras criaturas que evoluíram especificamente para sobreviver nas paisagens geladas tiveram dificuldades em se adaptar às mudanças ambientais. À medida que o clima aquecia, essas espécies foram ficando gradualmente extintas devido à perda de habitat e à competição com espécies melhor adaptadas às novas condições.

Além disso, o aumento das temperaturas também levou a mudanças na vegetação e nos ecossistemas. À medida que as áreas cobertas de gelo derretiam, as paisagens transformavam-se em tundras e florestas boreais, criando novos habitats para muitas espécies. Animais que eram adaptados a climas mais amenos e florestas começaram a migrar para essas regiões, enquanto outros animais adaptados a ambientes frios e abertos foram empurrados para áreas mais restritas ou extintos.

As mudanças climáticas afetaram, ainda, os padrões de migração e alimentação dos animais. As rotas migratórias foram alteradas devido às mudanças na disponibilidade de recursos e nas condições climáticas ao longo do ano. Espécies que dependiam de eventos específicos, como o derretimento de geleiras para a reprodução ou a migração de presas, precisaram ajustar seus comportamentos e padrões de movimentação para se adaptar às novas circunstâncias.

No entanto, é importante notar que as mudanças climáticas e o fim da Era do Gelo também abriram novas oportunidades para a evolução e diversificação das espécies. À medida que novos habitats se formavam e as condições ambientais se modificavam,

O FIM DA ERA DO GELO

novas adaptações surgiram e novas espécies se desenvolveram para aproveitar esses nichos ecológicos.

As mudanças climáticas que ocorreram no final da Era do Gelo foram um ponto crucial na história da vida na Terra. Elas moldaram a distribuição geográfica das espécies, levaram à extinção de algumas e proporcionaram oportunidades para a evolução de outras. O estudo dessas mudanças climáticas e seus impactos nos animais nos ajuda a compreender melhor as respostas da vida selvagem às mudanças ambientais e a importância da adaptação

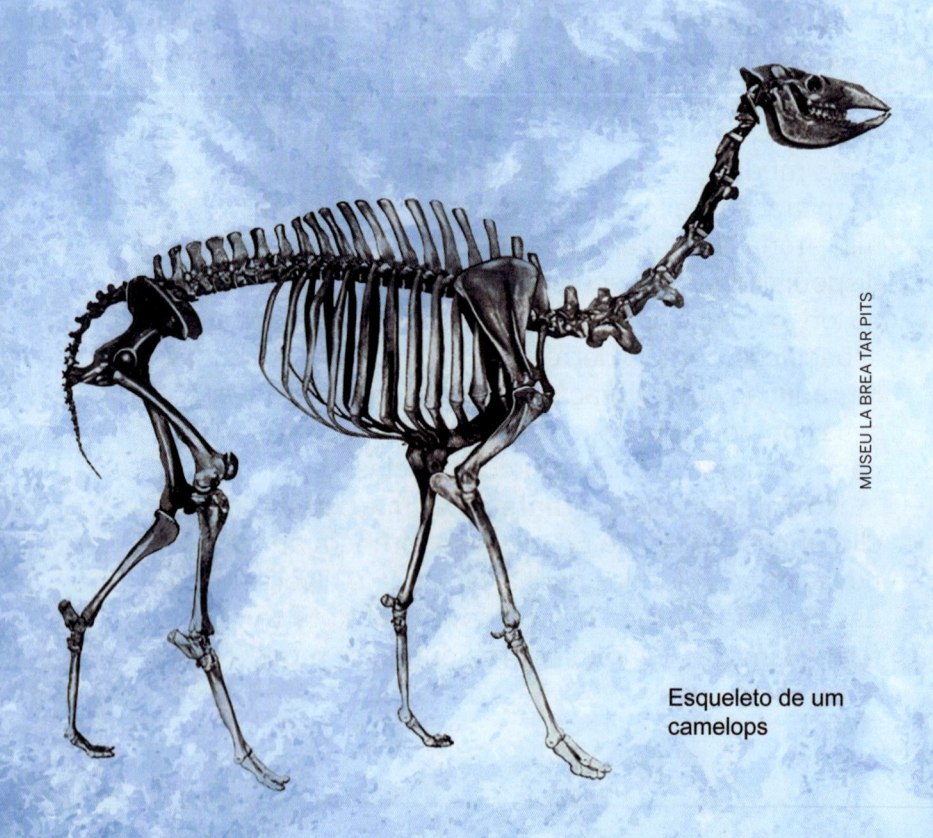

MUSEU LA BREA TAR PITS

Esqueleto de um camelops

5

O LEGADO DOS ANIMAIS DA ERA DO GELO

O LEGADO DOS ANIMAIS DA ERA DO GELO

UM LEGADO IMPORTANTE NA HISTÓRIA DA VIDA NA TERRA

Os animais da Era do Gelo deixaram um legado duradouro e fascinante na história da vida na Terra. Suas adaptações notáveis e a forma como enfrentaram as condições climáticas extremas e desafiadoras são um testemunho da incrível capacidade da vida em se adaptar a ambientes hostis. Além disso, essas criaturas pré-históricas desempenharam um papel importante na formação dos ecossistemas modernos e deixaram um impacto indelével em nossa compreensão da evolução e diversidade biológica.

Uma das contribuições mais notáveis desses animais foi a forma como moldaram o ambiente. À medida que se moviam em busca de alimentos e refúgio, esses animais desempenharam um papel crucial na dispersão de sementes e no transporte de nutrientes em diferentes ecossistemas. Por exemplo, as fezes dos mamutes continham sementes de plantas que eram depositadas em várias áreas, auxiliando na dispersão e na regeneração de vegetação.

Além disso, os animais desse período também influenciaram a evolução de outras espécies. Suas interações com plantas, presas e predadores desempenharam um papel fundamental na seleção natural e na evolução das características de sobrevivência. Isso moldou a forma como os ecossistemas se desenvolveram e influenciaram a diversidade e a distribuição de várias espécies ao longo do tempo.

    Alguns animais que habitam atualmente o planeta têm ancestrais que evoluíram durante a Era do Gelo. Os elefantes, por exemplo, são parentes dos antigos mamutes e mastodontes, e os ursos atuais compartilham uma linhagem com os ursos-das-cavernas.

    Os registros fósseis dos animais da Era do Gelo são uma fonte inestimável de informações para os cientistas. Os restos fossilizados dessas criaturas nos fornecem pistas sobre sua anatomia, comportamento, dieta e interações com o ambiente. Estudar esses fósseis nos ajuda a reconstruir a história da vida na Terra e a compreender como as espécies evoluíram e se adaptaram ao longo do tempo.

    Esse legado nos ensina valiosas lições sobre a importância da adaptação e da resiliência da vida em face de mudanças ambientais significativas. Suas histórias nos inspiram a valorizar e proteger a diversidade biológica e a trabalhar em prol da preservação das espécies que habitam nosso planeta atualmente.

    Esses animais desse período moldaram ecossistemas, influenciaram a evolução de outras espécies e nos fornecem informações valiosas sobre a história da vida na Terra. Além disso, essas criaturas antigas continuam a fascinar e despertar nossa curiosidade sobre o passado remoto da Terra. Animais dessa Era são frequentemente retratados

O LEGADO DOS ANIMAIS DA ERA DO GELO

em filmes, livros e obras de arte, capturando a imaginação do público e transmitindo sua grandeza e majestade.

A pesquisa e o estudo dos animais da Era do Gelo desempenham um papel importante na compreensão das mudanças climáticas e na previsão do futuro do nosso planeta. Ao analisar como essas criaturas se adaptaram e responderam a períodos de resfriamento e aquecimento global, os cientistas podem obter insights valiosos sobre como os animais atuais podem enfrentar os desafios das mudanças climáticas em curso.

O legado dos animais da Era do Gelo também nos lembra da fragilidade da vida e da importância de proteger os habitats e ecossistemas em que as espécies atuais dependem para sobreviver. A perda dessas criaturas magníficas nos serve como um lembrete poderoso de que a ação humana pode ter um impacto duradouro na biodiversidade e na saúde do nosso planeta. Portanto, preservar o legado dos animais da Era do Gelo significa não apenas valorizar o passado, mas também proteger o futuro. Ao promover a conservação da vida selvagem e dos habitats naturais, podemos garantir que as espécies atuais e futuras tenham a oportunidade de evoluir, adaptar-se e deixar seu próprio legado na história da Terra.

Em suma, o legado dos animais da Era do Gelo é vasto e abrangente, oferecendo um vislumbre do passado fascinante e da extraordinária diversidade que existiu no planeta. Ao estudar e apreciar essas criaturas antigas, somos lembrados de nossa conexão com a história da vida na Terra e da importância de preservar e proteger a vida selvagem e os ecossistemas para as gerações futuras.